恒星的生命密码

CAN STARS FIND PEACE

（印）加尼森·斯里尼瓦桑（Ganesan Srinivasan）◎ 著

李庆康◎译

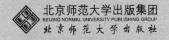

北京师范大学出版集团
BEIJING NORMAL UNIVERSITY PUBLISHING GROUP
北京师范大学出版社

版权声明

Can Stars Find Peace

Copyright © University Press (India) Private Limited 2011. This translation of Can Stars Find Peace, G. Srinivasan first published in 2011, is published by arrangement with Universities Press (India) Private Limited.

北京市版权局著作权合同登记图字 01－2015－1002 号

本书中文简体翻译版授权由北京师范大学出版社独家出版。未经出版者书面许可，不得以任何方式复制或发行本书的任何部分。

图书在版编目(CIP)数据

恒星的生命密码/(印)加尼森·斯里尼瓦桑著；李庆康译. —北京：北京师范大学出版社，2019.8

（牛顿科学馆）

ISBN 978-7-303-24573-4

Ⅰ.①恒… Ⅱ.①加… ②李… Ⅲ.①恒星－普及读物

Ⅳ.①P152-49

中国版本图书馆 CIP 数据核字(2019)第 046856 号

营 销 中 心 电 话 010-58805072 58807651

北师大出版社高等教育与学术著作分社 http://xueda.bnup.com

HENGXING DE SHENGMING MIMA

出版发行：北京师范大学出版社 www.bnup.com
　　　　　北京市海淀区新街口外大街 19 号
　　　　　邮政编码：100875
印　　刷：天津旭非印刷有限公司
经　　销：全国新华书店
开　　本：890 mm×1240 mm 1/32
印　　张：9.5
字　　数：220 千字
版　　次：2019 年 8 月第 1 版
印　　次：2019 年 8 月第 1 次印刷
定　　价：38.00 元

策划编辑：尹卫霞　　　　责任编辑：王玲玲
美术编辑：李向昕　　　　装帧设计：李向昕
责任校对：韩兆涛　　　　责任印制：马　洁

序　言

马丁・里斯(Martin Rees) 勋爵
宇宙学和天体物理学教授
英国皇家天文学家
剑桥大学三一学院院长
英国皇家学会前任会长

　　如果随机选择 1 万个人，其中的 9 999 人应该有一些共同
点——他们工作和他们的兴趣爱好都是在地球表面或接近地球表
面的地方进行或产生的，剩下那一个就是天文学家。我很庆幸自
己是这个奇怪的群体中的一员——斯里尼瓦桑(G. Srinivasan)博士
也是其中一员，他是"当今天文学革命"这一系列著作的作者。但
是天文学并不只为天文学家专属。它的发现是迷人的，而且了解
宇宙与理解自然界的其余部分同等重要。整个宇宙是我们环境的
一部分。事实上，暗夜的星空在整个人类历史上是基本不变的，

它被所有的文化共享——尽管阐释它的方式非常不同。

天文学家是人类悠久传统的继承人。也许除了医学，天文学是最古老的科学了。它的产生是因为人类需要建立日历来度量时间，解释在天空中看到的情景和规律。现在，我们的知识比以往任何时候都进步得更快，这要感谢功能强大的望远镜及飞往其他行星的探测器。这些探索取得了激动人心的成就，公众也分享了这些喜悦。

我们还不能把真实的探测器发送到太阳系以外，但是通过使用望远镜，我们可以详细地研究恒星。在过去的十多年中，我们学到了一些东西，它使得夜空更加有趣。恒星不只是闪烁的"光点"，它们就像太阳一样，有行星这样的随从绕行着。其中的一些行星可能会像地球，但它们中的任何一个上是否存在生命，依然是个问题，而且这个问题会给未来几代科学家带来挑战。

我们已经意识到宇宙在空间和时间上的巨大尺度。我们生活在一个恒星数目超过一千亿颗的星系中，但是这个星系只不过是现代望远镜可见的一千亿个星系中的一个。因为来自遥远天体的光要经历很长一段时间才能到达我们这里，所以在宇宙空间中极目远眺，实际上就是在时间上往宇宙早期追溯。与地理学家和化石搜寻者相比，天文学家有一个优势：他们实际上可以观测到过去，追溯第一代恒星和星系形成的宇宙历史。确实有令人信服的证据表明，我们的宇宙创生于大约 140 亿年前的一次"大爆炸"，之后就一直在膨胀。

我们已经知道关于宇宙的一个关键性事实：它是由我们可以理解的物理规律所支配的，而这些规律似乎处处适用。通过分析来自遥远星系的光，我们可以推断出组成遥远星系的原子的行为就像我们在实验室里所研究的那样。正是因为这样的一致性，我们才能够了解恒星的结构及其生死循环，以及恒星、星系和行星是如何一步一步形成我们身在其中、有复杂结构的宇宙的。

宇宙是一个统一体。很小的原子级别的微观世界和非常大的恒星、星系级别的宏观世界之间存在联系。恒星形成、演化，最后死亡（有时是爆炸性的）。它们通过核聚变提供能量，这种核聚变和氢弹爆炸一样，但是它是受控的。在恒星的一生中，从原始的氢到碳、氧和铁，这个过程会不断发生。地球上所有的原子，包括我们身体里的原子，都是恒星死亡后的灰烬。我们是使恒星发光的核聚变的"核废料"。要充分了解我们自己和我们的起源，我们不仅要了解达尔文的进化论，而且要了解组成所有生命物质的原子，还要了解产生这些原子的恒星。这个精彩的故事应该是每个人学习生涯的一个组成部分。

研究天文学还有另一个原因。它使我们能够探索在地球上的实验室里无法触及的，在更极端的温度、压力和能量条件下的自然规律。它还允许我们研究引力这个最基本的力，以及它是如何把空间和时间的本质关联到一起的。

无疑，现在是天文学的黄金时代。随着太空时代的到来，通向宇宙的新窗口已经被打开了。通过位于地球大气层之上的威力巨大的在轨天文台，天文学家现在可以在很宽的波长范围内探索宇宙，包括射电波、毫米波、红外辐射、可见光辐射、紫外线、X射线和γ射线。这使得天文学家在各种有关问题的研究中取得了前所未有的进展，包括行星的形成，恒星的本质及其演化史，恒星的诞生和死亡，恒星的坟墓——白矮星、中子星和黑洞，星系，类星体，宇宙大尺度结构。

vii

　　"当今天文学革命"（The Present Revolution in Astronomy）系列著作是非常及时的，它的目的是以入门级的难度水平审视当代天文学的成就。该系列图书的作者斯里尼瓦桑博士是这个领域中国际知名的领军人物。特别是，他一直研究中子星，而中子星本身就展现了一些惊人的"极端"物理现象。读者会发现，在这些精彩的和可读性很强的图书中，斯里尼瓦桑博士是一位清楚地、热情地指导大家探索宇宙的奇景和奥秘的向导。我们大家都应该感谢他。

马丁·里斯
于剑桥

前　言

2009 年被誉为国际天文年，这是为了纪念伽利略（Galileo *ix*
Galilei）在 400 年前首次使用望远镜观测天体。400 年来，天文观
测彻底改变了人类对天体的认识。

4 个世纪之后的今天，我们又处在天文学的另一个黄金时代。
太空时代的到来为我们研究宇宙打开了新的窗口，由此也有了许
多惊人的发现，并使我们在认识天体的本质方面取得了前所未有
的进展。与此同时，许多新的和突出的问题也出现了。事实上，
有明显的迹象表明，一些难题的解决可能需要对基础物理学本身
进行大的修改。微观和宏观的内在联系正在变得越来越清晰。

"当今天文学革命"系列著作打算让读者了解现代天文学取得
的激动人心的成就。撰写这些著作的灵感源自参加我所讲授的跨
校际课程的同学们的热情建议。这门课程我曾经在印度班加罗尔
的圣约瑟夫学院讲授了 5 年。这门课程不是常规的学术课程，而
是为这个城市里所有大学中对天文和天体物理感兴趣的教师和同
学们开设的。有趣的是，每一批学生中有半数以上来自工科，而
不是纯理科。不过呢，他们为天文学的魅力着迷。虽然本课程深
层的主题是"当今天文学革命"，但是我的想法是把天文学当成一
匹特洛伊木马，从而让学生直面物理和天文、工程和技术世界中
那些令人兴奋的挑战。同学们一致要求我把这些年的讲座提炼成
系列丛书。

　　为什么我认为值得写这些书，还有第二个原因。历史上，天文学一直对公众有很大的吸引力，今天更是如此。新望远镜接二连三地投入使用，获得的新发现得到了传统媒体和电子媒体的广泛宣传。一些太空机构，如美国国家航空航天局(NASA)及一些优秀的天文台，有令人印象深刻的公众服务计划。然而，在印度几乎没有一所大学把天文学当作一门本科课程提供给学生。直接后果就是：尽管在印度有几个真正的世界级水平的观测设备，但学生们普遍对天文学缺乏了解，所以很少有学生选择从事天文学方面的工作。本系列著作旨在力所能及地填补这一空白。

　　现在谈谈这些著作的范畴和写作风格。我的主要目的是向年轻的和不那么年轻的读者介绍当前天文学正在进行的革命。我们将讨论大家广泛关注的主题的最新进展：恒星的本质及其一生，恒星的诞生和死亡，恒星的坟墓——白矮星、中子星和黑洞，星系，类星体，宇宙大尺度结构。

　　这些著作不打算扮演天文学"教科书"的角色。如果是教材，那它们必须根据教育学的方法来精炼主题，实验方法和现象则需进行详细描述并用系统的方法推演出该理论的数学表述结果，另外还需要有一些问题和习题，等等。但是，当所有这些都需要认真学习的时候，传统的教材就会出现严重的缺陷。导论性的书籍是以入门知识作为开始的，很少能够传递激动人心的当代科学进展。它们倾向于关注已解决的问题，而不是强调还没有解决的困惑。与这些相对照，这一系列著作将有不同的目的。我希望它们能给读者介绍最近的科研进展并强调那些突出的和亟待解决的问题。我相信，年轻的读者将会对尚未解决的难题更感兴趣，并想知道真正的挑战在何处。

这一系列著作与传统的天文学书籍相比有一种非常不同的风格。例如，它们不讨论天体的距离测量、质量和光度测定等话题，它们也不详述在天空中确定恒星位置的坐标系统及恒星的光谱分类等。虽然这些是最基本的问题，但是我的观点是如果一个读者决定成为一名职业天文学家，他将在之后的常规课程中学习这些内容。这一系列著作的重点将放在物理上，原因如下。

在艾萨克·牛顿(Isaac Newton)的众多伟大发现中，意义最深远的，或许是他断言自然规律具有普遍有效性。换句话说，在地球上支配各种自然现象的物理定律在宇宙中的任何地方都适用。今天，我们把牛顿的这个论断作为一个公理。确实，在过去的几个世纪里，从实验物理的角度来看，若干开创性的成就都来自天文观测。万有引力定律的发现、原子光谱中的吸收线和发射线、氦元素的发现，以及对狭义相对论和广义相对论预言的首次验证等就是其中一些比较重要的例子。这是毫不奇怪的。天体的密度、温度和压力的变化范围，与人们在地球上所遇到的相比，是令人难以置信的。例如，密度从每立方厘米 1 个原子到每立方厘米 10^{37} 个原子，温度从 3 K 到 10^8 K①，如此极端的条件确实让我们很难理解。因此，在天体上会遇到许多新奇的和怪异的物理现象。事实上，几十年前人们可能会说"天文学是物理学的终点"。不过，今天说"物理学是天文学的终点"应该会更恰当些。通过阅读这一系列著作，我们将明白这一范式转变的个中缘由。因此，我们将集中研究天体的物理性质，比如它们的本质、它们的稳定性、它们中心的能源、它们的辐射机制，等等。

---

① 本书中温度单位均为开尔文(K)。

在阐述这一系列著作的目的后，我必须再补充一点。要读懂这些著作，我不认为读者需要有任何天文学背景知识。对于物理知识，比方说达到哈里德（Halliday）和雷斯尼克（Resnick）所著的《物理学基础》（*Fundamentals of Physics*）中要求的水平，应该就足够了。在这些著作中我们会连带介绍其他方面的背景知识。为了达到既定目标，我经常需要牺牲严谨的论述，取而代之以简单的类比和定性讨论。读者应该理解我不得不如此行文而不需要任何道歉！如果这些著作能够成功展现现代天文学所取得的激动人心的成就，那么我认为我的努力是值得的。对于年轻的读者，我非常希望这些著作可以唤起他们对天文学的兴趣，从而使他们想进一步去阅读学术性更强的书籍来探求更深的专题。

当我还年轻的时候，我很高兴并很荣幸能够读到一些绝好的著作，如亚瑟·爱丁顿（Arthur Eddington）爵士、詹姆斯·金斯（James Jeans）爵士和乔治·伽莫夫（George Gamow）这些大师的著作。在这些书中，他们阐述了 20 世纪早期的物理学和天文学的发展。最近，一些优秀的物理学家和天体物理学家也按照类似的脉络推出了若干著作。现在是"互联网"时代，本系列著作谨代表我也以同样的勇气做了一点非常微小的努力。

关于本书

在这一系列著作的第一本《恒星的故事》（*What Are the Stars?*）中，我讨论了恒星的本质，它们的稳定性和它们所辐射能量的来源。关于恒星，最迷人的事情之一，就是它们随着年龄的增长而演化。这种演化因质量不同而不同。当能量供给耗尽时，恒星如何结束它们的一生，也是取决于它们的质量的。本书专门讨论了恒星的演化和它们的最终命运。从历史上看，甚至在恒星的演化细节变得清晰之前，天文学家首先担心的是恒星的最终命运。

我把本书分成了两部分。第一部分考虑的是 20 世纪 20 年代和 30 年代有关恒星最终命运的著名预言。由于这些进展的大部分紧扣着新兴量子物理学，所以我给出了相关物理学的详细介绍。如果有人决定在凝聚态物理、核物理、天体物理等领域从事研究，这些知识将是有用的。

第二部分是对恒星一生的总结。它分为三个小部分来讨论：像我们太阳一样的低质量恒星、中等质量恒星和大质量恒星。

大家读本书时会发现，现代天体物理学的很多内容是建立在苏布拉马尼扬·钱德拉塞卡（Subrahmanyan Chandrasekhar）在 20 世纪 30 年代建立的基础之上的。因为在写本书时恰逢钱德拉塞卡的百年华诞，所以我也加进了他的简要生平介绍。

致　谢

出版这一系列著作的想法首先是由参加我所讲授的天文学和天体物理学校际课程的同学们提出的。我已经在印度班加罗尔的圣约瑟夫学院讲授这些课程很多年了。印度空间研究组织（ISRO）卫星中心的斯雷库马（P. Sreekumar）博士强烈支持这个建议。同学们对另一系列丛书中由文卡塔拉曼（G. Venkataraman）博士撰写的《物理学花絮》（*Vignettes in Physics*）反应热烈。文卡塔拉曼积极持续地劝说我应该写点关于当代天文学的类似系列丛书，这让我感觉到我确实应该承担这项任务。2007 年，贾瓦哈拉尔·尼赫鲁纪念基金会给予了我贾瓦哈拉尔·尼赫鲁资助（Jawaharlal Nehru Fellowship），这是一个动力，使我得以开始这个项目。2009 年，孟买的尼赫鲁中心给了我两年的资助来继续该任务。我非常感激这些资助。我一开始是一位凝聚态物理学家，但后来走进了天文学领域。早年我对天文学最初的了解来自我的父亲，但促使我去追求它并尝试向人们去普及它的理念的，首先是我杰出的老师、芝加哥大学的钱德拉塞卡教授，后来是剑桥大学的马丁·里斯教授、阿姆斯特丹大学的爱德华·范·登·霍伊维尔（Ed van den Heuvel）教授和班加罗尔拉曼研究所的拉达克里希南（V. Radhakrishnan）教授。我非常感谢他们一直以来对我的热情激励。我还要特别感谢NASA、欧洲航天局（ESA）和国际天文学界，他们为本系列著作提供了精彩的图片。

加尼森·斯里尼瓦桑
（G. Srinivasan）

目　录

第一部分

历史的视角

第1章 恒星是什么?

气体球

本章打算对这一系列著作中第一本《恒星的故事》的相关部分做一个简要回顾。

我们对恒星本质的了解的重大突破发端于夫琅和费(Fraunhofer)在 1817 年的发现。他发现太阳光谱中包含一些暗纹。19 世纪 50 年代中期,基尔霍夫(Kirchoff)和本生(Bunsen)通过实验证实,当让不透明的物体发出的光穿过透明物质时可以产生这些暗线。这使得基尔霍夫建立了综合性的辐射理论。通过研究,情况变得很清楚,太阳和其他恒星的外层是气态的,它们的组成成分与我们在地球上发现的相似。因此,浮现在我们眼前的图景是恒星都是气体球,恒星物质靠自身引力聚集在一起。

我们开始理解恒星的真正本质可以追溯到 19 世纪的后半段。霍默·莱恩(J. Homer Lane)是研究恒星内部温度分布细节的第一人。1870 年,他在《美国科学和艺术杂志》(*Journal of Science and Arts*)上发表了一篇开创性的论文,题目为"论太阳的理论温度,它基于气态物质假设,通过自身内部热量来保持体积不变,并服从地面实验得出的气体定律"("On the Theoretical Temperature of the Sun, Under the Hypothesis of a Gaseous Mass Maintaining Its Volume by Its Internal Heat, and Depending on the Laws of Gases as Known to Terrestrial Experiment")。简单地说,在这项研究工作中,莱恩假设恒星物质是一种理想气体,并且像地球上的气体一样服从波义耳(Boyle)定律。他的基本想法是，向内的自引力与向外的气体压力相平衡，如图1.1所示。

但是，我们怎么知道太阳内部是炽热的呢？一个非常简单的研究告诉我们，太阳内部的平均温度一定是几百万开尔文这个数量级。

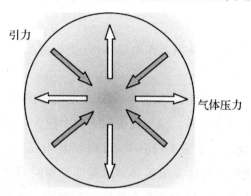

图1.1　恒星气体球的内部受力平衡

注：自引力引起的向内方向的力与气体压力相抵消，两者达到平衡，所以恒星是稳定的。在恒星中任何一点上的气体柱的重力必须被气体的压力抵消。对于恒星内的每一点来说，这个条件都必须满足。否则，恒星将不会处于力学或流体静力学平衡状态。

4　太阳的温度

要搞明白这一点，我们需要引用著名的维里定理。这个定理具有非常普遍的有效性，只要所考虑的系统是统计性稳定的，它都适用。该定理认为，在稳定状态下，系统的总能量等于它的势能的一半。用这个强大的定理可以估计太阳的平均温度。在这种情况下，总能量是太阳中存储的热能加上因自引力而产生的太阳的引力势能。根据维里定理，

$$\text{热能} + \text{引力势能} = \frac{1}{2}\text{引力势能。}$$

因此，

$$\text{热能} = -\frac{1}{2}\text{引力势能。} \tag{1.1}$$

（注意上式右边的负号。记住，引力势能是负的。因此，负号是必要的，它使上式右边变为正的。）

质量为 M 且半径为 R 的球所具有的引力势能大约是 $-\dfrac{GM^2}{R}$。太阳的热能就是其组分粒子的动能之和。设 T 是太阳的平均温度，根据气体运动学理论，我们知道粒子的平均能量为 $\dfrac{3}{2}k_BT$。如果 N 是独立粒子的总数，那么总的热能是 $\dfrac{3}{2}Nk_BT$。因此，根据维里定理式(1.1)，可以得到

$$\frac{3}{2}Nk_BT = \frac{1}{2}\frac{GM^2}{R}\text{。} \tag{1.2}$$

我们知道太阳的质量和半径，另外可以通过假定化学成分来估计粒子的数目。然后解上述方程就可以得出平均温度，结果大约是 10^7 K。（大家可以花几分钟的时间来验证它。为简单起见，可假定太阳仅是由氢组成的。由于知道了太阳的质量，大家可以估算出太阳中的原子数。）我相信大家会被维里定理的威力所震撼，它使我们能够做出这个估计。我们坐在地球上，可以有相当的信心认为太阳的平均温度一定是 10^7 K！要做出这个估计，我们只需要知道太阳的质量和半径。

流体静力学平衡

下面，让我们建立恒星的力学稳定性方程。考虑恒星里径向 r

处的一个假想的同心球面，如图 1.2 所示。让我们在这个面上取一个小圆柱体，其轴线沿着半径指向外面。这个圆柱体的横截面积为单位面积，其长度是 dr；它拥有恒星物质，其物质密度是 $\rho(r)$，它是与中心相距为 r 处的密度值。小圆柱体受到的引力是由于假想面内部物质的作用引起的。让我们称这个内部物质的质量为 $M(r)$。

由于圆柱体的横截面积取为单位面积，其长度为 dr，这个无穷小圆柱体的质量是 $\rho(r)dr$。$M(r)$ 和 $\rho(r)dr$ 之间的引力为：

$$\frac{GM(r)\rho(r)dr}{r^2}。 \tag{1.3}$$

6 大家知道，根据牛顿定律，假想面外部物质所贡献的引力会被抵消掉。如果大家知道一点微积分，我强烈建议大家试着去证明它。大家会发现它很有启发性。作用在这个无穷小圆柱体上的引力必须由作用在其上的压强差来平衡。

假设圆柱体上下两个底面与恒星中心的距离分别为 r 和 $r+dr$。让我们用 dP 来表示这个压强差。它代表了在 r 增加方向上作用在圆柱体上的压力为 $-dP$。因此，该单位圆柱体上的受力平衡方程为：

$$dP = -\frac{GM(r)\rho(r)dr}{r^2}。$$

经过重新整理，可以得到

$$\boxed{\frac{dP}{dr} = -\frac{GM(r)\rho(r)}{r^2}。} \tag{1.4}$$

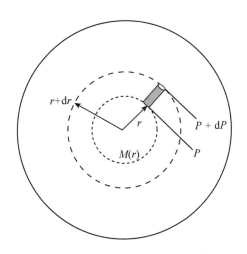

图 1.2　恒星内部 r 处的无限小圆柱体

注：考虑离中心的距离为 r，单位横截面积，高度为 dr 的一个无限小圆柱体。作用在它上的引力是因它所在的球形壳层之内的物质 $M(r)$ 而产生的。这个引力必须与压强差 dP 相平衡，该压强差代表在 r 增加的方向上（由中心指向外面）的一个力。这是恒星的流体静力学平衡条件，并且在恒星中任意位置都必须满足。

　　上述方程被称为流体静力学平衡方程。对一个恒星而言，如果处于力学稳定状态，那么在恒星内的每一点上该方程必须成立。否则，正如一位杰出的天文学家所说，"不满足的惩罚将会迅速出现"。违反这个流体静力学平衡条件将会导致恒星内物质的运动。例如，在我们单位圆柱体样本内的物质会下沉或由于浮力而上浮。

辐射平衡

　　根据莱恩的理论，方程(1.4)左侧的压强是理想气体的压强：$p_G = nk_BT$，其中 n 是粒子的数密度。他进一步假设，内部热量是通过对流向外传输的，正如发生在地球大气中的现象那样。大约在 1920 年，剑桥大学的亚瑟·爱丁顿（Arthur Eddington）爵士引入了辐射平衡的想法。在这种情况下，向外流动的热量是通过辐射来传输的，而不是通过对流或传导。从内部向表面流动的辐射流量将对恒星物质产生压力。爱丁顿的观点是，抵抗引力的压力是气体压力和辐射压力的总和。

大家还记得，辐射具有动量 E/c，其中 E 是能量，c 是光速（在量子力学的图景中，一个光子的动量是 $h\nu/c$，其中 h 是普朗克常数，ν 是光子的频率）。由于动量与辐射相关联，辐射必定产生压力，正如气体粒子那样。让我们考虑一种特殊辐射，它被称为黑体辐射。它就是在一个封闭壳内的辐射，并保持吸收壁的温度 T。给定足够长的时间，空腔中的辐射会与吸收壁达到热平衡。热流将是各向同性的，并且唯一由空腔壁的温度来标示。在 19 世纪取得的一个重要结果就是，空腔中的辐射能量密度正比于绝对温度的 4 次方：

$$E = aT^4,\qquad(1.5)$$

此处 a 是一个普适常数，被称为斯特藩常数。上述关系被称为斯特藩定律。辐射产生的压强是

$$p_R = \frac{1}{3}aT^4。\qquad(1.6)$$

8 　　现在让我们来理解辐射平衡原理。选取恒星内任意的径向方向并将它称为 x 轴，让这个轴的正方向沿着温度梯度方向。考虑一个厚度为 $\mathrm{d}x$、底面积等于 1 cm² 的恒星物质薄板，它与 x 轴垂直（见图 1.3）。

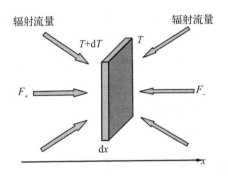

图 1.3　恒星内部假想的物质薄板

注：辐射从两侧穿过单位面积、厚度为 $\mathrm{d}x$ 的恒星物质薄板。设薄板两面的温度分别为 T 和 $T+\mathrm{d}T$。因此，作用在一个侧面上的辐射流量和辐射压力会比另一个侧面的要高，这就会在温度梯度的方向上产生一个合压力 $\mathrm{d}p_R$。

　　设薄板的两个侧面的温度分别为 T 和 $T+\mathrm{d}T$。由于压强是每单位面积上受的力，辐射作用在两个侧面所产生的力是 $+p_R$ 和 $-(p_R+\mathrm{d}p_R)$。在温度梯度方向上的合力是 $-\mathrm{d}p_R$。在此，我们采用了一个约定，那就是在引力方向上的力是正的，而向外方向的力是负的。

　　这个合力对薄板施加了动量。为了使薄板处于平衡状态，它必须以某种方式利用这个动量；否则，薄板将会运动。薄板物质所做的事情就是吸收这个动量，并利用它来补充气体的压力，从而尝试支撑自己以抵抗引力。

　　下一步，我们要计算薄板物质所吸收动量的 x 分量。让我们先引入质量吸收系数 κ。这是每克物质的吸收系数。设 F 是入射到薄板上的辐射流量（以尔格每秒每平方厘米为单位）。薄板所吸收的流量将是 $F\kappa\rho\mathrm{d}x$，此处 ρ 是薄板中的物质密度。由于薄板的面积是单位面积，厚度是 $\mathrm{d}x$，薄板的质量是 $\rho\mathrm{d}x$（见图 1.4）。单位时间

9

内，薄板物质所吸收的动量的 x 分量是

$$F\kappa\rho \mathrm{d}x/c,\tag{1.7}$$

此处 c 是光速。（有趣的是，即使辐射流量是斜入射的，上述结果依然成立。如果入射角是 θ，那么它穿过薄板的距离增加到 $\mathrm{d}x\sec\theta$。所以薄板吸收的能量将增加 $\sec\theta$。但物质吸收的动量的 x 分量将保持不变，因为为了得到 x 分量，我们不得不在上式中乘 $\cos\theta$，它和 $\sec\theta$ 将抵消。）

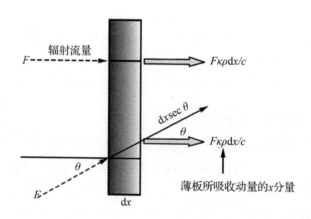

图 1.4　薄板物质吸收辐射流量

注：被薄板吸收的辐射流量等于流量乘单位质量的质量吸收系数，再乘薄板的质量，即 $F\kappa\rho \mathrm{d}x$。因此，单位时间内薄板所获得的动量的 x 分量将是 $F\kappa\rho \mathrm{d}x/c$。由于薄板处于平衡状态，吸收辐射得到的动量的 x 分量一定等于 $-\mathrm{d}p_R$。

　　最后，我们要计算出单位时间内薄板所吸收的净动量。请记住，薄板两侧都有入射的辐射。让我们把从左边过来（流向外面）的流量标示为 F_+，把从右边过来的流量标为 F_-。向外的净流量为

$$F=F_+-F_-,\tag{1.8}$$

并且薄板得到的净动量是 $F\kappa\rho dx/c$。前面，我们说过薄板处于辐射平　　*10*
衡状态，薄板每秒获得的动量必须被薄板中物质完全吸收。因此，

$$-\mathrm{d}p_R = F\kappa\rho dx/c,$$

或者（此处，我们已经用径向坐标 r 取代了 x）：

$$F = -\frac{c}{\kappa\rho}\frac{\mathrm{d}p_R}{\mathrm{d}r}。 \qquad (1.9)$$

把斯特藩定律 $p_R = \frac{1}{3}aT^4$ 代入辐射压，我们得到了向外的净流
量为：

$$F = -\frac{ac}{3\kappa\rho}\frac{\mathrm{d}T^4}{\mathrm{d}r}。 \qquad (1.10)$$

这个著名的结果由爱丁顿首先得出。该结果表明，辐射净流
量正比于辐射压强梯度，但反比于恒星物质的不透明度（爱丁顿称
$\kappa\rho$ 为物质屏障的阻碍能力，辐射穿过它时会被胁迫）。

爱丁顿的恒星理论

基于上述辐射平衡原理，爱丁顿构建了一个恒星理论。他认
为，在式（1.4）中平衡引力的压力是气体压力和辐射压力的总和，

$$P = p_G + p_R, \qquad (1.11)$$

此处

$$p_G = nk_BT = \frac{\rho k_B T}{\mu m_p}, \quad p_R = \frac{1}{3}aT^4。 \qquad (1.12)$$

在方程（1.12）中，我们用质量密度 ρ 表达了波义耳定律。由于
我们在其他地方也需要做这件事，所以让我们了解一下这是怎样　　*11*
得到的。如果我们所考虑的气体只是单一粒子成分，那么数密度 n
和质量密度 ρ 由下式关联在一起：

$$数密度 = \frac{质量密度}{粒子的质量}。$$

然而，恒星等离子体由一种以上的粒子组成，它包括电子和不同元素的离子。因此，正确的做法是用质量密度除以独立粒子的平均质量：

$$数密度 = \frac{质量密度}{粒子的平均质量}。$$

要定义粒子的平均质量，人们需要知道等离子体的化学组分。习惯上，人们引入平均分子量 μ 这一概念，它定义独立粒子的数密度 n 和质量密度 ρ 之间的关系为：

$$n = \frac{\rho}{\mu m_p}, \tag{1.13}$$

此处 m_p 是质子的质量（因为中子的质量几乎与质子的质量相同，我们将不区分这两者的质量）。分子量是借用化学术语，在这里可能有些用词不当。在目前的情况下，分子这个术语实际上是指我们所研究的气体、不同成分的离子和电子这些独立粒子。在上述方程中可以清楚地定义 μm_p 为独立粒子的平均质量。

质量—光度关系

爱丁顿理论给出的最惊人的预言之一就是关于恒星的质量和光度之间的关系的。该理论预言，恒星的光度与质量的立方成正比，

$$\boxed{L \propto M^3}。 \tag{1.14}$$

这是一个引人注目的结果。注意，此结果中不涉及恒星的半径！人们会认为给定某一质量的一颗恒星，它产生的光度应该取决于它的半径。毕竟，内部温度应该由半径决定——常识告诉我们，恒星越小，温度就会更高。而且，相应地，温度决定了产能率。

但是半径没有出现在光度的表达式中。这几乎就像是恒星会知道它应该具有多大的半径一样。嗯，确实是这样的！辐射平衡原理支配着恒星允许产生的光度，而光度只由它的质量和不透明度决定[注意，不透明度或质量吸收系数出现在方程(1.10)中，并影响向外辐射的净流量]。

给定恒星物质的不透明度，恒星将调整自己的 RT 组合，以便单位时间内产生的能量能精确地补偿单位时间内从表面损失的热能。鉴于能量向外扩散的速率是由不透明度决定的，如果恒星能产生更高的光度，那么在恒星内部将有能量的堆积，从而违反了辐射平衡条件。

$L \propto M^3$ 的预测与观测结果吻合得非常好。最近的数据如图 1.5 所示。可以看出，$L \propto M^{3.5}$ 与观测数据拟合得非常好。这个斜率非常接近爱丁顿理论所预测的数值。

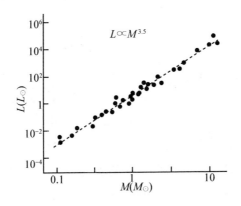

图1.5　恒星的质量—光度关系

注：使用最近的数据得出的质量—光度关系的对数坐标图。如图所示，指数为 3.5 的曲线与数据拟合得非常好。（引自百科知识网，致谢原作者）

恒星为什么会发光？

在 19 世纪末期，一个备受争议的课题就是太阳辐射的能量来源。莱恩的理论预测了恒星的古怪行为。当恒星辐射能量时，内部的温度必须下降（由于内部能量被辐射走了）。这会干扰引力和压力之间的微妙平衡。结果是，引力将占上风，恒星除了收缩别无选择。这将压缩气体，使其更热。因此，我们得到这么一个令人好奇的结果，即恒星辐射能量时，它反而会变得更热！恒星物质具有负比热，违反了热力学定律。

这使得一位名叫约翰·瓦特斯顿（John Waterston）的苏格兰工程师提出太阳的引力收缩率是 1 年收缩 100 米，这就可以提供充足的热量供应。因为这个想法看起来像是理所当然的，所以它被伟大的德国物理学家赫尔曼·冯·亥姆霍兹（Hermann von Helmholtz）所采纳。而在此之前，德国哲学家伊曼努尔·康德（Immanuel Kant）曾提出，太阳系是由一个巨大的气体云收缩而形成的。亥姆霍兹认为，这种收缩必须继续进行。这一时期的物理学大权威开尔文勋爵（Lord Kelvin）也确信这种看法，而且放弃了他早期的偏好，即认为太阳的热能是陨石连续地轰击太阳产生的。

现在让我们确保我们清楚这一想法。当恒星收缩时，物质向恒星的中心运动。新旧构形之间的引力势能差转化为热能。但这有一个奇怪的扭曲。记得我们先前说过的话，只要恒星内部气体表现为理想气体，那么当恒星辐射并收缩时，它必须变得越来越热。因此，恒星收缩产生的热能不仅足以补偿辐射导致的热损失，而且足以把恒星加热到一个更高的温度。这是至关重要的，否则，恒星除了塌缩外，别无选择。

亥姆霍兹和开尔文估计,太阳发光已经持续了大约 2 000 万年,而且还将继续持续 2 000 万年左右。让我们看看人们是如何估计这个时标的。想想我们对维里定理的讨论:当恒星收缩时所释放出来的引力势能只有一半可用于辐射,另一半作为热能储存于恒星物质中。具体参见式(1.1)的说明。太阳的引力势能大约是 $-\dfrac{2GM_\odot^2}{R_\odot}$。如果我们用引力势能的一半除以太阳的辐射率,那么我们就可以估计出太阳能够发光多长时间了。

$$t \sim \frac{-\dfrac{1}{2}\text{引力势能}}{\text{光度}} \sim \frac{GM_\odot^2/R_\odot}{L_\odot}。 \tag{1.15}$$

太阳目前的能量损失率就是太阳的光度($L_\odot = 4\times10^{33}\,\text{erg}\cdot\text{s}^{-1}$)。把太阳的质量和半径的值代进去,我们得出以下结论:如果太阳以目前的光度辐射,那么它只能辐射大约 2 000 万年。对开尔文勋爵来说,这似乎已经是相当长的时间了。尽管地质学家确信(即使在当时)地球的年龄已经超过 2 000 万年,但开尔文勋爵却不为所动。他利用自己的地位告诉地质学家,把他们自己的时间约束在这个时标之内!

物质放射性的发现为收缩假说"盖棺定论"。使用现代技术,地质学家能够确定古老岩石的年龄,得到的结果是超过了十亿年。现在,如果地球本身就有几十亿年的年龄,那么太阳必须比地球更古老。所以,关于如何解释太阳和恒星的能量来源这件事情又回到了起点。但是人们可以这样说:如果一个外部的能量来源(如陨石),以及引力收缩被排除,那么太阳中必须包含某种隐藏的能源,它能够使太阳发光数十亿年。

这个隐藏的能源是什么呢?爱丁顿提出了一个具有突破性的

想法。1920 年 8 月 24 日在英国卡迪夫的英国协会的致辞上，爱丁顿认为只有亚原子的能量可以无限量使用。促使爱丁顿做出这一著名论断的原因是，阿斯顿（F. W. Aston）在剑桥大学卡文迪许实验室有了一个发现。阿斯顿是卢瑟福（Rutherford）的学生之一。使用他发明的质谱仪，阿斯顿能够测量原子的质量。他的重要发现之一就是：4 个氢原子核的质量之和，比 1 个氦原子核的质量大。爱丁顿的想法是：如果 4 个质子聚合产生 1 个氦原子核，那么按照爱因斯坦的公式，这个质量亏损将转换成能量：

$$E = \Delta M c^2。$$

让我们仔细检查一下。4 个质子的质量是 $4 \times 1.008\ 1\ m_u$（原子质量单位），而 ^{4}He 原子核的测量质量是 $4.003\ 9\ m_u$。这意味着如果氦原子核的确是由 4 个质子聚合产生的话，那么每产生 1 个氦原子核就会有 $2.85 \times 10^{-2}\ m_u$ 的质量消失。它大约是氢原始质量的 0.7%，对应于能量的话，大约是 26.5 MeV（兆电子伏特）。下面是换另一种方式来说的。如果质量为 M 的氢转化为氦，那么释放的能量是 $0.007 M c^2$。太阳的质量是 2×10^{33} g，其中大部分物质是氢。通过将大部分氢转变成氦，可以产生大约 10^{52} erg 的能量。太阳辐射能量的速率（光度）是 4×10^{33} erg $\cdot$ s^{-1}。因此，利用这个亚原子能源，太阳可以很容易发光 10^{11} 年。

$$t_{核} \sim \frac{0.007 M_\odot c^2}{L_\odot},$$

$$t_{核} \sim \frac{0.007 \times 2 \times 10^{33} \times 10^{21} \text{erg}}{4 \times 10^{33} \text{erg} \cdot \text{s}^{-1}} \sim 10^{11} 年。 \tag{1.16}$$

恒星能寿终正寝吗？

恒星能发光多久当然取决于它的质量。上述的估算是针对质量与太阳质量大致相同的恒星的。从图 1.5 我们可以看到一个恒星的光度大致正比于 $M^{3.5}$。因此,核时标将大致正比于 $M^{-2.5}$。换句话说,一颗大质量恒星比一颗小质量恒星的寿命更短。尽管大质量恒星有更多的燃料,但它消耗得更猛!

一颗恒星在耗尽核能时会发生什么呢?它会塌缩成一个点并从宇宙中消失?或者,这个故事会有一个新的转折?

这本书就是专门讨论这个问题的。

第 2 章　年轻时期的恒星

赫茨普龙—罗素图

　　　在恒星天文学中最重要的图也许就是赫茨普龙—罗素图（简称 H-R 图，即赫罗图）。它是恒星的光度与它的表面温度（也称为有效温度）之间的关系图。如果把看到的大多数恒星的光度和温度画到这个图上，它们会落在一个对角带上，像一个序列，这个序列被称为主序带。图 2.1 所示的就是一个理论上的赫罗图。

　　　这个序列中的所有恒星都有一个重要性质，那就是它们被认为化学分布是均匀的，并且在它们的核心中正在发生氢转变为氦的核反应。从现实意义上说，这个主序带中的所有恒星都是在星际气体中"最近"形成的。为此，主序带通常被称为零龄主序（ZAMS）。在这个阶段，氢被聚合成氦，它能持续相当长的时间，以至于在天空中大多数可见的恒星可能都是处于这个阶段（因为这个阶段占据了恒星生命历程的大部分，因此处于这个阶段的恒星被捕捉到的概率明显是最大的）。如果在主序带中发现的所有的恒星都是化学均匀的，并且其核心正发生着氢转化为氦的核反应，那么大家可能会问它们的区别是什么。决定一个恒星在主序带上的位置的最重要的因素是恒星的质量。注意，在图 2.1 中，质量更大的恒星有更高的光度，正如爱丁顿的理论所期待的那样。

　　　图 2.1 中的实线是半径为常数的线条。因此，质量为 $1M_\odot$ 的零龄恒星的半径几乎等于 $1R_\odot$。大家可能认为这有点可疑。有人不期望一个 $1M_\odot$ 的恒星的半径精确等于 $1R_\odot$ 吗？嗯，太阳目前的

半径是我们所称的 $1R_\odot$。图 2.1 中 $1M_\odot$ 的恒星是零龄的恒星。太阳大约在 50 亿年前在主序带上开始下降，在这一期间它的半径也有一定的变化。同样，一个 $10M_\odot$ 的零龄恒星的半径比 $10R_\odot$ 稍小。 *17* 这说明半径与质量大致成比例。更细致的研究表明，在主序带中位置较低的部分，存在以下情况：

$$R \propto M_\odot \tag{2.1}$$

而在主序带的上部（质量更大的恒星），有如下结果：

$$R \propto M^{0.6}_\odot \tag{2.2}$$

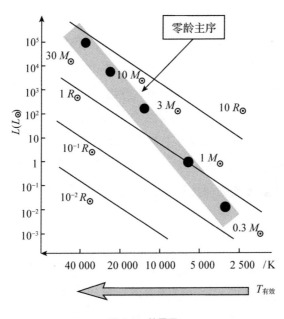

图 2.1 赫罗图

注：图中对角带显示了在理论赫罗图上主序带的位置。这个著名的图是恒星的光度与表面温度（也称为有效温度）之间的关系图。注意，有效温度从右到左是增加的！图上黑点表示当不同质量的恒星刚开始它们的一生时，它们在赫罗图上的理论位置。

它是一个很好的近似。半径和质量之间的上述关系，结合理论的质光关系，告诉我们表面温度如何依赖于质量。我们看到在图1.5中，$M^{3.5}$对光度的观测数据给出了一个合理的拟合，但这针对的是整个质量范围。在$1\sim10M_\odot$的质量范围内，指数为4可以更好地拟合观测数据，即

$$L \propto M^4 \, 。 \tag{2.3}$$

利用$R \propto M$和$L \propto M^4$，连同$L = (4\pi R^2)\sigma T_{有效}^4$，对主序带上的恒星，我们得到

$$T_{有效} \propto M^{1/2} \, 。 \tag{2.4}$$

我们知道太阳的有效温度是5 800 K。使用它可得出式(2.4)中的比例系数，我们可以推演出一个$10M_\odot$的恒星的表面温度大约将有20 000 K，换句话说，太阳是黄颜色的恒星，一个$10M_\odot$的恒星颜色就会是蓝色。大家还记得维恩位移定律吗？黑体辐射谱有一个最大值，对应的波长取决于黑体的表面温度。

这个故事的真谛是：大质量的主序星（主序带上的恒星）比小质量的主序星更明亮而且本质上更蓝。

主序星的能量产生

正如上面提到的，主序星的最大特色是它们的核心正发生着氢转变成氦的核反应。在第1章中，我们概述了爱丁顿的非凡猜想。但是，科学家花了将近20年的时间才得知核反应的细节。在解决恒星如何释放能量这个问题上，第一个重大突破出现在1938年，当时冯·魏泽克（C. F. von Weizsäcker）率先发现了一个核循环，现在被称为碳氮氧（CNO）循环，其中氢原子核可以用碳作为催化剂进行聚合。然而，冯·魏泽克并没有得出恒星利用CNO循

18

环产生能量的速率，或者说没有研究出在恒星中这个速率是如何依赖于温度的。

这要归功于汉斯·贝特（Hans Bethe），公认的核物理大师。1938 年，贝特完成了核物理中一组共三篇不朽的评论文章。这些论文被称为贝特"圣经"。核物理的第一套教材在第二次世界大战结束后的短短几年间就出版了。那时，全世界的物理学家们都是通过贝特的这几篇教学式的、权威性的文章，学到了核物理知识。在 20 世纪 30 年代，物理学家们并不关心天文学中的问题。他们对原子和分子的光谱、核物理更感兴趣。正是乔治·伽莫夫（George Gamow）通过在华盛顿特区召开有关恒星物理的一个小型会议，促使物理学家们意识到天文学中没有解决的问题。贝特及许多最杰出的物理学家出席了那次会议。之后的短短几个月之内，贝特就已经很详细地给出了恒星中氦的合成过程，并且在一篇具有里程碑意义的论文《恒星中能量的产生》（"Energy Production in Stars"，1939 年）中发表了他的结果。贝特考虑了两个过程。一个过程被称为质子－质子（p-p）链反应，其中氢直接生成氦。它是类似太阳的恒星和质量更小的恒星的能量产生的主要过程。另一过程就是早期冯·魏泽克所发现的 CNO 循环，它是质量比太阳质量更大的恒星的能量产生主导过程。

我们已经在《恒星的故事》这本书中详细地讨论了这些过程。在这里，我们将通过复制那本书的相关图片，简要地回顾所涉及的这些反应的一些具体步骤。

质子－质子链反应

图 2.2 总结了质子－质子链反应的主要路径。

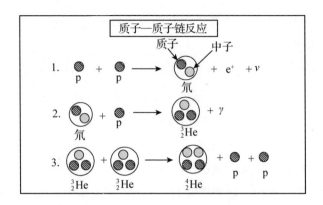

图 2.2　质子合成氦原子核

注：这是质子－质子链反应的主要分支，它们占产能总量的 85%。剩下的 15% 是通过其他分支产生的，在此我们就不讨论了。

CNO 循环

合成氦的其他路径是 CNO 循环，首先由冯·魏泽克发现。而该核反应的细节是由贝特在 1939 年给出的。CNO 循环需要有一些碳、氮或氧，它们在该反应中起到了催化剂的作用。

在此，也像质子－质子链反应那样，4 个质子聚合为一个氦原子核，并像之前一样释放出大约相同的能量（每产生一个⁴He 核，释放 25 MeV）。

所有的核反应对温度都很敏感。量子力学的隧穿效应突破了具有排斥性的库仑势垒，使核聚变成为可能。给定了两个碰撞原子核的电荷，它们隧穿的概率非常敏感地依赖于粒子的动能。而且，相应地，它取决于恒星等离子体的温度（见图 2.3 和图 2.4）。

在所有聚变反应中，质子－质子链反应对温度最不敏感。CNO 循环对温度更敏感。这样的后果是，对于中心温度较低的恒星（$T_c <$ 15×10^6 K），质子－质子链反应起主导作用。对于中心温度较高的恒

星，CNO 循环与质子－质子链反应相比更占主导。如图 2.5 所示。

来看在图 2.1 中描绘的主序星，对于质量比太阳大的恒星来说，CNO 循环是能量产生的主要过程，而对于质量比太阳小的恒星来说，质子－质子链反应是主要途径。

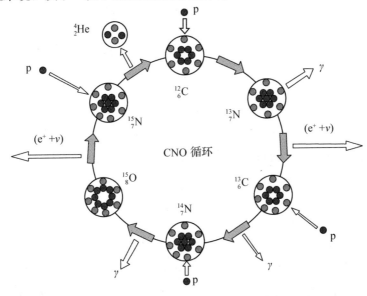

图 2.3　CNO 循环

注：大圆圈代表原子核，其中带斜线小圆代表质子，带点小圆代表中子。

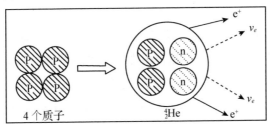

图 2.4　氢聚变为氦

注：在质子－质子链反应和 CNO 循环中，4 个质子参与反应，形成一个氦原子核。每合成一个氦原子核，会发射出两个正电子和两个电子中微子。

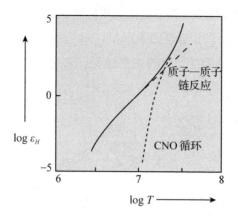

图 2.5   氢燃烧的产能率

注：产能率 ε_H（erg・g^{-1}・s^{-1}）是温度的函数。虚线表示质子—质子链反应和 CNO 循环的贡献；实线代表总的产能率。

恒星内部的对流

对流是恒星内部一个相当重要的现象。我向有兴趣的读者推荐本书的姊妹篇《恒星的故事》这本书，其中，对为什么会发生对流进行了非常深入的讨论。在此，我们仅仅告诉大家，在引力场中如果温度梯度超过某一个临界值，那么流体将变得不稳定，对流就会发生。这一临界值被称为绝热温度梯度；正是在这一临界值，流体团块会以绝热方式向上运动(抵抗引力)，它的温度将会降低。

根据爱丁顿的理论，恒星处于辐射平衡；向外的辐射流量自己就输运向外的热流，没有对流。但是，在恒星内部这个假设不一定处处有效。关于这个问题，现代的计算结果告诉了我们什么呢？

让我们首先考虑主序带下部的恒星，即低质量恒星。它们的核心处于辐射平衡。质子－质子链反应对温度有相对较低的敏感性的一个直接后果就是核心区域的产能率没有很大的梯度，所以就没有很大的温度梯度。但是，低质量恒星的外层往往是对流的。这些恒星的外层会更冷。这相应地会增加外层的不透明度。新类型离子的出现，如负氢离子(有两个电子的氢原子)，导致不透明度的急剧增加。这会导致产生很大的温度梯度，并引起对流。例如，从太阳内部接近表面的 20 万千米处(大约是太阳半径的三分之一处)开始往外是完全对流的。在质量更低的恒星内部，对流区可以一直延伸到恒星核心。

　　在主序带的上部，情况正好完全相反。大质量恒星内靠外区域处于辐射平衡。它们表面的高温确保了在外层没有很大的温度梯度。但是，它们的核心往往是完全对流的。这是因为核心的温度梯度很大。记住，在这些恒星内部，CNO 循环是主导的产能机制，而且这一过程对温度非常敏感。因此，产能区更加集中在核心，导致产生了很大的温度梯度。

　　图 2.6 总结了主序星的上述特征。

23

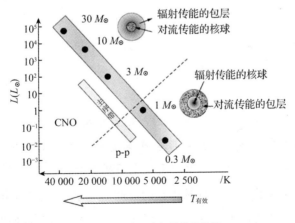

图 2.6　主序星内部的传能机制

注：此图总结了主序带上部和下部恒星的一些重要差异；边界线(图中虚线)大约在一个太阳质量附近。

恒星的寿命

　　如上所述，主序带上的恒星属于初始恒星，其中质量更大的恒星"最近"才在星际气体中形成。但一些初始恒星，像我们的太阳，在很久以前就形成了。我们相信，太阳系大约在 45 亿年前就形成了，但目前仍处于起步阶段！

　　恒星的寿命有多长？或许更贴切的问题就是，在恒星的这出剧中，目前这一幕能持续多久。第一幕的主题是能量的产生，是通过氢原子核聚变形成氦原子核。在天文学文献中，这通常被称为氢燃烧。

　　在这里，让我加一个插入语。在挣扎许久之后(!)，我开始使用天文学家的氢燃烧这个术语。这当然是一个误称。燃烧是燃料和氧化物之间的放热化学反应，并伴有热量的产生和化学品种的转换。热量的释放会导致光的生产，它们要么以发光形式出现，要么以火焰的形式出现。通常所说的燃料一般包括气体、液体或固体有机化合物(尤其是碳氢化合物)。一个简单的例子就是氢和氧的燃烧，在火箭的引擎中这是常用的一种反应，$2H_2 + O_2 \rightarrow 2H_2O$ (气)＋热，结果形成了水蒸气。但这根本不是在恒星内发生的反应！在恒星内发生的是聚变反应，原子核聚合在一起，而且有大量的能量释放出来。所以，即便我偶尔借用天文学家的术语，使用了氦燃烧、碳燃烧等短语，大家也不要混淆。

　　一颗恒星在氢燃烧阶段所花的时间 τ_H 取决于它的质量 M，这是因为恒星的光度 L(每单位时间所辐射的总能量)非常强烈地依赖于恒星的质量。在图 1.5 中我们看到，在整个质量范围内，$M^{3.5}$ 对光度的观测数据给出了一个合理的拟合。设 E_H 是氢聚变所能释放

的能量。恒星在这个阶段的寿命可以写为

$$\tau_H = \frac{E_H}{L}。 \tag{2.5}$$

为简单起见，让我们假设对所有恒星而言，恒星总质量的相同比例是在这个阶段被消耗掉的。那么我们就有 $E_H \propto Mc^2$，而且

$$\tau_H \sim \frac{M}{L} \sim M^{-2.5}。 \tag{2.6}$$

太阳已经在主序阶段度过了 45 亿年的时间。在离开主序带并开始第二幕前，它还有另一个 65 亿年。所以太阳的氢燃烧的时间大约是 10^{10} 年。不同质量的恒星在主序阶段的时间可以使用归一化和比例关系式（2.6）来估计。今天，随着高速计算机的发展，人们其实可以先假设恒星开始它们一生时的氢丰度，然后计算恒星的寿命。根据这些计算，天文学家得出主序星的寿命如下，见表 2-1。

表 2-1　不同质量主序星的寿命

$M/M_\odot$	1	4	5	6	7	8
$\tau_H/10^7$年	700	8	4.9	3.3	2.5	2

恒星的最终命运

一旦核心的氢耗尽，第一幕将落幕，恒星这出剧的下一幕将随之出现。正如我们将看到的，随后的剧幕的时间将越来越短。令人惊讶的是，恒星这出剧经历数千万年或数十亿年，最后一幕只会持续一天左右的时间！通常，人们会以逻辑的顺序继续讲述恒星一生的故事。不过，取而代之，我们将直接抵达最后一幕的结尾。

正如我在总结第 1 章时所提示的，这本书专门讨论的问题是
"恒星的最终命运是什么?"因为中心区域不够热，或者因为中心区
域已经耗尽了燃料导致核反应停止时，会发生什么呢？由于没有
更多的热量产生，当原始的热量也被辐射走了的时候，恒星将处
于艰难的困境中。

恒星能寿终正寝吗?

原来，早在 1924 年天文学家就遇到了这个问题。经历了数十
年，人们对恒星的演化才有了一个令人满意的了解，而且天文学
家得出了一些非同寻常的答案。

因此，让我们把时间倒回到 1924 年，从而得到一个历史的
视角。

第3章 白矮星

天狼星的奇怪伴星

爱丁顿的恒星理论是一个成功的伟大典范。回忆一下，这个 理论是基于恒星是处于辐射平衡的理想气体球这个假设的。这个理论的许多预言和观测结果之间的惊人一致性致使天文学家认为这个领域已经日臻完善了。1924 年，当美国天文学家沃尔特·亚当斯（Walter Adams）对天狼星的伴星得出了一个非凡的结论时，这种感觉就被打破了。但是我们先跳过这个故事！让我们回顾一下这个迷人的发现史。

天狼星是夜空中最亮的恒星。大家可能会对非常醒目的猎户座（猎人）很熟悉。天狼星（天狗）是非常接近这个星座的。由于它是一个非常明亮的恒星，天文学家利用它和其他明亮的恒星，来确定时间和设置时钟。但是天文学家注意到天狼星在天空中的运动有点不平稳，所以它并不是一个好的时钟。且听我慢慢解释。银河系中的恒星并不是静止的，它们都有速度。这使它们在天空中的位置会有所改变，这就是众所周知的自行现象。在正常情况下，人们认为在天空中这种自行是线性的。而天狼星的自行并不是这样的。1844 年，伟大的德国天文学家、数学家弗里德里希·贝塞尔（Friedrich Bessel）推断出天狼星的轨道是椭圆的。显然，它周围必须有其他东西和它一起动！贝塞尔由此推断，天狼星应当有一个隐形的伴星，它们两个都围绕着共同的质量中心运动。贝塞尔推测，这颗恒星的轨道周期应当是半个世纪左右。事实上，这颗恒星的轨道周期的最新数值是 50.09 年！大家知道贝塞尔是一位非凡的天文学家兼伟大的数学家后，就不应该对此感到惊讶了。

27　　　18 年后，这颗隐形伴星最终被阿尔万·克拉克（Alvan Clark）看到。1862 年，克拉克在测试一台新望远镜时，发现了天狼星的一个暗弱的伴星。这个伴星的亮度是天狼星本身亮度的 $\frac{1}{10\,000}$。让我们分别称呼天狼星和它的伴星为天狼星 A 和天狼星 B 吧（见图 3.1）。用开普勒定律，由天狼星 A 的轨道周期推断出天狼星 B 的质量大约等于太阳的质量。由于天狼星 A 的质量也大致为一个太阳的质量，把天狼星的半径和它的伴星的半径假设为大致相同的，应当也是合理的。相对于天狼星 A，如果天狼星 B 的表面温度低于天狼星 A，换句话说，如果伴星是一个红颜色的恒星，而不是天狼星 A 那样的白颜色的恒星，那么就很容易解释天狼星 B 为什么暗弱了。大家还记得光度（单位时间内不透明物体辐射的总能量）公式吧？

$$L＝表面积 \times \sigma T^4＝4\pi R^2 \times \sigma T^4, \qquad (3.1)$$

此处 R 是天体的半径，T 是天体的温度，σ 是斯特藩—玻尔兹曼常数。大家应该记得不透明物体的辐射谱的峰值波长是由温度决定

28　的（维恩位移定律）。如果大家仔细看天上的恒星，你们会发现有些是蓝色的，而有些是红色的。大家就可以立刻知道，蓝色恒星比红色恒星温度更高。现在让我们回到天狼星的暗弱伴星上。因为没有理由认为它的半径与天狼星的半径差别很大，人们会期望伴星是一个红色的恒星，即考虑到其低亮度，伴的表面温度一定会低很多[见公式(3.1)]。可以通过测量恒星的颜色这个方法来验证它。

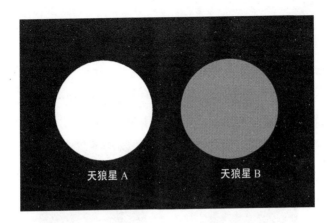

图 3.1 天狼星和它的伴星

注：天狼星的伴星是一个非常暗弱的恒星，它的亮度是天狼星亮度的 $\frac{1}{10\ 000}$。但是，伴星的质量与天狼星的质量相似。这说明伴星一定是一个很冷的恒星，其表面温度比天狼星的要低得多。

为了确定恒星的颜色，或等价地说，它的表面温度，人们必须测量恒星的光谱。1914 年，亚当斯通过使用美国威尔逊山天文台著名的 100 英寸[①]望远镜（当时是世界上最大的望远镜），开展了这项工作。令人惊奇的是天狼星的伴星是一个白色的、炽热的恒星（如天狼星），而不是一颗红色的恒星！这可带来了麻烦。要明白这点，让我们回到公式（3.1），可把它改写成如下形式：

$$\frac{L_B}{L_A}=10^{-4}=\frac{R_B^2}{R_A^2}\times\frac{T_B^4}{T_A^4}。 \tag{3.2}$$

如果两者的表面温度是大致相同的，那么天狼星 B 的亮度是天狼星 A 的亮度的 $\frac{1}{10\ 000}$，这个事实意味着它的表面积必须是天狼星

---

① 1 英寸为 2.54 cm。

表面积的大约 $\frac{1}{10^4}$。等价地说，也就是天狼星 B 的半径必须是天狼星

A 的 $\frac{1}{100}$。换句话说，天狼星 B 的半径一定和地球的半径差不多！

然而，这意味着，天狼星 B 的平均密度必须是 $10^5 \sim 10^6$ g·cm^{-3}

（图 3.2）。就像爱丁顿说的，这显然是荒谬的。

图 3.2　天狼星 A 和天狼星 B

　　注：1914 年亚当斯进行光谱观测，结果表明天狼星伴星的表面温度与天狼星的大致相同，这与先前想象的恰恰相反。这意味着天狼星的伴星的半径是天狼星的 $\frac{1}{100}$。这相应地又暗示了伴星的平均密度一定是每立方厘米约一百万克！

　　这样一个令人难以置信的高密度让人难以理解，但上述结论并不荒谬。这是亚当斯在 1924 年建立起来的。通过一个颇具挑战性的观测，他试图同时验证这两个结论。他着手验证爱因斯坦的广义相对论的一个关键预言，同时测量天狼星伴星的半径。

引力红移

　　广义相对论的重要预言之一涉及光在引力场中的传播。在牛顿的引力理论中，只有质量受到引力的影响。在爱因斯坦的理论

中，所有形式的能量都对引力有贡献，因而受引力的影响。既然光是能量的一种形式，人们就期望光也受引力的影响。想象质量为 M、半径为 R 的一个物体，让其表面的一个原子发出波长为 λ 或频率为 ν 的辐射。当光向外传播时，如果波长变长，人们就把这种现象称为红移。大家可能会对一个类似的现象很熟悉，即当光源向远离观察者的方向移动时，观测者接收到的波长会出现这个现象。人们把这种情况称为多普勒红移。而在这里，由于引力是出现红移的原因，所以人们把它称为引力红移。虽然这个结果是广义相对论的一个预言，但是在狭义相对论的前提下，人们也能够预见这一结果。因为牛顿引力很难解释光波的本质，所以我们切换到光子图景。大家会记得，1905 年爱因斯坦提出了一个具有革命性的想法，他认为光的能量是一束一束的，即现在大家熟知的光子。光子的能量是由辐射的频率决定的，并且是由如下著名的表达式给出的：

$$E = h\nu, \tag{3.3}$$

此处 h 是普朗克常数。利用狭义相对论的表达式，$E = mc^2$，大家可以把 $(h\nu/c^2)$ 称为光子的有效质量。现在我们已经准备好要尝试推导引力红移了。

30

当我们往上扔一块石头，随着高度的上升，它上升的速度会变慢。正如大家所知，发生这个情况有以下原因：随着石头的上升，它的势能会增加，结果是，它的动能将降低。由于动能是由速度决定的，所以石头就变慢了。光也应当会发生类似的情况，见图 3.3。

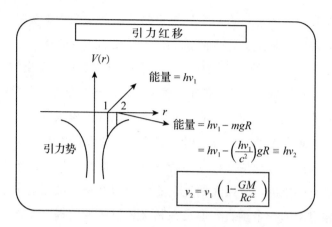

图 3.3　光在引力场中的传播

注：爱因斯坦的广义相对论的重要预言之一就是引力场会影响光的传播。正如在地球上向上扔一块石头，它的动能随着高度的增加而减少，结果它上升的速度变慢了。光也会出现类似的情况。爱因斯坦的理论预言，随着光子在引力势阱中上升，辐射的频率会降低。图中给出了旨在使这一观点可行的简单讨论。

考虑在引力势阱中一个光子从到中心的径向位置 1 处运动到位置 2 处。假设光子的初始能量是 $h\nu_1$。它达到径向位置 2 时，它的能量将是 $(h\nu_1 - mgR)$，其中第二项是势能的增加。现在让我们把光子的有效质量 $\dfrac{h\nu}{c^2}$ 代入，引力加速度为 $g = \dfrac{GM}{R^2}$。通过简化，可得出当光子从位置 1 上升到位置 2 时，其频率会减少，并由下面的表达式给出：

$$\nu_2 = \nu_1 \left(1 - \frac{GM}{Rc^2} \right) 。 \tag{3.4}$$

这就是引力红移。如果我们利用此结果来考虑波长，我们会发现波长被拉伸了。注意这个和一个石头在势阱中上升的本质区别。石头的动能取决于它的速度。因此，动能减小，则速度随之减小。光是不能慢下来的！光子的能量与频率有关。随着光子能量的减小，其频率必须减小。

我们用一个非常具有启发性的方式得到了上述结果。我们用了牛顿的引力理论、爱因斯坦关于光的微粒理论和狭义相对论。由于引力红移是一个明显的广义相对论效应，人们必须使用广义相对论对其进行适当处理。1915 年，德国伟大的物理学家、天文学家卡尔·史瓦西（Karl Schwarzschild）完成了这件事。引力红移的精确结果由下式给出：

$$\nu_\infty = \nu_0 \left(1 - \frac{2GM}{Rc^2}\right),$$

$$\lambda_\infty = \frac{\lambda_0}{\left(1 - \dfrac{2GM}{Rc^2}\right)}。 \tag{3.5}$$

令人惊讶的是，我们的简单推导结果（3.4）式与精确结果（3.5）式只差一个因子 2（见括号内的表达式）。对上述结果应注意两点：

1. 质量越大，红移就越大。

2. 半径越小，红移就越大。

公式（3.5）中还隐含了另一个神奇的结果。当该天体的半径精确地等于 $\frac{2GM}{c^2}$ 时，光子的频率趋于零，波长趋于无穷大！我们将在本系列著作的下一本《中子星和黑洞》（*Neutron Stars and Black Holes*）中讨论这个最奇异的结果。

引力红移的实验验证

现在让我们来看亚当斯在 1924 年使用威尔逊山天文台 100 英寸望远镜所做的历史性观测。他的主要目标是验证光谱线的爱因斯坦引力红移这一重要预言。他为什么选择了天狼星的伴星呢?
该伴星是如此的暗弱,以至于做任何光谱线的观测都是非常困难
的。为什么不选择像太阳一样的、在我们附近的恒星呢? 看看公
式(3.5)就能得到答案。爱因斯坦理论所预言的红移大小,取决于
(M/R)的值,而天狼星 B 的质量与太阳的质量差不多,亚当斯根
据他自己 1914 年的观测得出了结论:天狼星 B 的半径可能是太阳
半径的$\frac{1}{100}$。因此,引力红移会很大。这就是为什么他选择天狼星
的伴星来验证爱因斯坦的预言。验证爱因斯坦引力红移预言的重
要性无论怎样夸大都不为过。1919 年 12 月 15 日在写给爱丁顿的
一封信中,爱因斯坦说道:

> 如果证明了这种效应在自然界中并不存在,那么整个理
> 论就必须被抛弃。

利用天狼星 B 的质量和半径的估值,亚当斯计算出了爱因斯
坦的理论所预言的引力红移值[见(3.5)式]。为了便于观测,他选
择了氢原子的 H_β 和 H_γ 谱线。这个游戏就是要准确地测量天狼星 B
的光谱中这些谱线的波长,并且与原子的量子理论所预言的结果
进行比较。因为大家非常准确地知道这些光谱线的预言波长值,
因此这样的比较会揭示波长是否有一个红移。嗯,有。并且,观
测得到的红移与广义相对论的预言非常一致! 人们无论怎样强调
这个证实爱因斯坦引力理论的关键预言之一的实验的重要性都不
为过。还有额外的惊喜呢。如果人们接受广义相对论,那么这个
观测就可以被看作是对天狼星 B 的半径的测量! 这就是为什么爱
丁顿说:"亚当斯教授是一石二鸟!"

32

　　总结一下这个讨论，引力红移的测量毋庸置疑地证实了天狼星的伴星的确是一个恒星质量级别的天体，但它只有行星那么大！

　　在继续往下讲之前，这里有一个小问题留给大家。亚当斯无疑是一个非常聪明的实验大师。天狼星 B 的谱线红移的精确测定是一项伟大的技术成就。但是我们怎样才能确保这个红移是由引力引起的？它也可能恰好是由于天狼星 B 朝远离我们的方向移动造成的。这样的红移是由大家熟悉的多普勒效应导致的！大家仔细想想。

恒星悖论：恒星有足够的能量来冷却吗？

　　天狼星的伴星是一颗白色的恒星这一发现，早就让我们得出了一个结论：它必须是大小与行星类似的一个恒星。相应地，这导致我们得出了这样的结论：这颗恒星的平均密度必须接近每立方厘米一百万克。虽然这听起来很荒谬，但是引力红移的测量实验给出了定论。我们别无选择，只能接受，在天上有这样的天体，它们的平均密度是 $10^6 \, \mathrm{g \cdot cm^{-3}}$ 这个数量级。

　　这个结论使爱丁顿深感恐惧。像往常一样，他在意识到这类超级致密恒星带来的致命困难上领先于其他人。以下是爱丁顿的一些想法：

　　　　我不明白已经进入到这个压缩状态的恒星是如何从中自拔的……导致它们高密度的唯一可能是原子的粉碎，这相应地又取决于高温。如果温度下降，这似乎是不允许假设该物质可以保持这个压缩状态的……当亚原子能量的供给失败，并且没有保持高温的条件，那么它就会冷却，物质的密度将

33

变回陆地上固体的正常密度。因此，恒星必须膨胀，而且为了让密度减小为原来的 $\frac{1}{1\,000}$，它的半径必须膨胀 10 倍。为了促使物质抵抗引力，它们将需要能量。这个能量从哪里来呢？……这个白色的矮星几乎不能被认为有足够的远见来做特殊准备，以满足这种遥远的需求。因此，这个恒星可能会陷入一个尴尬的困境——它会不断地失去热量，但又不会有足够的能量来冷却。

亚瑟·爱丁顿爵士

摘自 1927 年出版的《恒星和原子》(Stars and Atoms)

"恒星需要能量来冷却。"换句话说，想象一个物体在不断地失去热量，但却没有足够的能量来变冷！给出这一非凡的观点的依据是什么？不用神秘的术语，只用简单的语言，这就是这个悖论让人费解之处。

让 E_V 代表单位体积内的白矮星物质的负静电能。在白矮星内部的高压下，每一个原子的静电能本质上就是剥离原子周围所有电子所需的所有电离能的总和。让 E_K 代表单位体积的完全电离物质的动能。如果作用在这种物质上的压力被释放，那么它会膨胀，并且恢复为普通的非电离物质，条件只能是

$$E_K > E_V。$$

是否能保证这个不等式永远成立？以下式子估算出了静电能：

$$E_V = 1.32 \times 10^{11} Z^2 \rho^{\frac{4}{3}}。 \tag{3.6}$$

我们不会停下来推导这个式子。我请求大家接受这一结果，在标准的《电磁学》(Electricity and Magnetism)书籍中可找到它。

单位体积内的动能是:

$$E_K = \frac{3}{2}\frac{Nk_BT}{V} = \frac{3}{2}\frac{k_B}{\mu m_H}\rho T = 1.24 \times 10^8 \frac{\rho T}{\mu}。 \tag{3.7}$$

这是很容易明白的。大家记得粒子的平均能量为 $\frac{3}{2}k_BT$。用总粒子数 N 乘它,并且除以体积 V,我们就得到了想要的结果。我们也可以用质量密度 ρ(用数密度 $n = N/V$ 乘粒子的平均质量)写出上述结果。由于物质气体是由电子和不同元素的离子组成的,人们引入了平均分子量 μ 这个概念。数密度和质量密度之间的表达式为:

$$n = \frac{\rho}{\mu m_H}。 \tag{3.8}$$

(请参看《恒星的故事》第 3 章,其中对此有更详细的讨论。)

如果这颗白矮星的物质被它所遭受的压力驱动,只有满足 $E_K > E_V$ 时,它才可以恢复成普通原子的状态。使用公式(3.6)和(3.7),很容易知道,只有下式成立,才会有 $E_K > E_V$:

$$\rho < (0.94 \times 10^{-3} T/\mu Z^2)^3。 \tag{3.9}$$

显然,如果密度足够高,上述不等式就不成立。换句话说,在足够高的密度下,恒星将没有足够的能量去膨胀和冷却。这就是爱丁顿所说的!

如何解决这个悖论呢?请继续往下读!

第4章　统计力学原理

　　　　在讨论福勒(Ralph Howard Fowler)对爱丁顿悖论的解答前，让我们先来了解福勒是如何提出这个开创性的想法的。为此，了解一点量子统计力学的基本思想是非常重要的。这也可以让我们为讨论钱德拉塞卡(Subrahmanyan Chandrasekhar)的白矮星理论和后续的进展提前做一些准备。

经典力学

　　　　让我们从经典力学的简单内容开始。物体运动的理论是基于牛顿的理论的。牛顿的运动定律能够使我们分析各种各样的问题，如台球的运动和碰撞、行星的运动等。更重要的是，人们可以以很高的精度运用牛顿定律。我们现在能够发射火箭，让它飞行许多年，走数百万千米远的距离，而且在木星或土星的一个卫星上放置仪器！如果大家再多想一点，就会明白这是多么令人难以置信的成就。

　　　　经典力学的关键就是这个。如果是在处理单个粒子或物体，人们可以用任意精度来描述它的运动，这是没有限制的精度，人们可以确定它的位置和动量。

统计力学

　　　　在19世纪，物理学家把注意力转向研究气体。人们知道气体
的成分是原子和分子。这些原子通过不断地相互碰撞，改变了它们的能量和运动方向。物理学家对计算气体的总体特性感兴趣，

如它对容器壁的压力，它的可压缩性、比热等。物理学家的基本主张就是根据原子和分子的运动，解释气体的总体特性。为简单起见，他们假设气体处于热平衡状态。适用于热平衡状态物质的力学定律被称为统计力学。

让我们来描述一下热平衡时的气体。要分析的第一件事就是，因不断碰撞引起了严重的混乱。要陈述一个特定的原子（让我们把它标成红色）具有某个特定的速度，比如说，5.123 456 789 m/s，不再是可能的事情。大家可以确定它的速度的时候，它可能已经与某些其他原子碰撞，从而改变了它的速率和方向。鉴于此，人们可以问的唯一有意义的问题就是：在某个速度范围内（如速度为5.123～5.124 m/s，或其他）有多少个原子？从数学的角度上说，人们可以问：速度在 v 和 $v+dv$ 之间的气体分子的占比是多少？

麦克斯韦速度分布

苏格兰物理学家詹姆斯·麦克斯韦（James Clerk Maxwell）在1852年解决了这个难题。针对盒子里的气体，让我们首先考虑三个维度中的一个维度上的运动。麦克斯韦发现，速度介于 v 和 $v+dv$ 之间的粒子的概率是

$$f(v)dv = Ce^{-\left(\frac{动能}{k_B T}\right)}dv = Ce^{-\frac{mv^2}{2k_B T}}dv。 \qquad (4.1)$$

认识到上述概率分布对所有速度（从 $-\infty$ 到 $+\infty$）的积分结果必须是1，那么比例常数就很容易确定。完成这个积分，我们发现 $C = \sqrt{\dfrac{m}{2\pi k_B T}}$ [如果大家喜欢数学，可以尝试把方程（4.1）对所有的速度求积分，从而验证这个结果]。由于在三个方向上，粒子的运动是独立的，对于三维速度 $\vec{v}$，概率分布就是

$$f(v_x, v_y, v_z)dv_x dv_y dv_z \propto e^{-\frac{m(v_x^2+v_y^2+v_z^2)}{2k_B T}} dv_x dv_y dv_z。$$

$$f(v_x, \ v_y, \ v_z)\mathrm{d}v_x\mathrm{d}v_y\mathrm{d}v_z = \left(\frac{m}{2\pi k_B T}\right)^{\frac{3}{2}} \mathrm{e}^{-\frac{mv^2}{2k_B T}}\mathrm{d}v_x\mathrm{d}v_y\mathrm{d}v_z \text{。} \quad (4.2)$$

37　　　大家最好记住用动量表达的这个式子。其中的一个原因是，依据动量写成的表达式在狭义相对论中（也就是说，当粒子速度接近于光速的时候）也是有效的。如果用速度来表示的话，在相对论中此表达式将不再有效。由于速度和动量成比例（$p=mv$），根据动量得到的概率分布也有相同的特性，即正比于 $\mathrm{e}^{-\frac{KE}{k_B T}}$。完整地写出来，就有如下形式：

$$f(p)\mathrm{d}^3 p = \frac{1}{(2\pi m k_B T)^{\frac{3}{2}}} \mathrm{e}^{-\frac{p^2}{2m k_B T}}\mathrm{d}p_x\mathrm{d}p_y\mathrm{d}p_z \text{。} \quad (4.3)$$

　　方程（4.2）和（4.3）分别对应速度和动量的概率分布。假设容器的体积是 V，粒子总数是 N。概率函数告诉了我们在某个速度或动量范围内粒子的占比。处于热平衡的气体将均匀地分布在这个盒子里。因此，在一个给定的速度范围内，粒子在每一个单元体积里的占比将是相同的，这是热力学定律的要求之一。所以，在速度范围 $\mathrm{d}v_x$，$\mathrm{d}v_y$，$\mathrm{d}v_z$ 中或在动量范围 $\mathrm{d}p_x$，$\mathrm{d}p_y$，$\mathrm{d}p_z$ 中，每单位体积内的原子数或分子数可采用如下形式表示：

$$N(v)\mathrm{d}v_x\mathrm{d}v_y\mathrm{d}v_z = \frac{N}{V}\left(\frac{m}{2\pi k_B T}\right)^{\frac{3}{2}} \mathrm{e}^{-\frac{mv^2}{2k_B T}}\mathrm{d}v_x\mathrm{d}v_y\mathrm{d}v_z \text{,} \quad (4.4)$$

$$N(p)\mathrm{d}p_x\mathrm{d}p_y\mathrm{d}p_z = \frac{N}{V}\frac{1}{(2\pi m k_B T)^{\frac{3}{2}}} \mathrm{e}^{-\frac{p^2}{2m k_B T}}\mathrm{d}p_x\mathrm{d}p_y\mathrm{d}p_z \text{。} \quad (4.5)$$

　　以上两个表达式已经针对单位体积 N/V 的粒子数做了归一化处理。这意味着：

$$\iiint_{-\infty}^{\infty} N(v)\mathrm{d}v_x\mathrm{d}v_y\mathrm{d}v_z = \frac{N}{V}\iiint_{-\infty}^{\infty}\left(\frac{m}{2\pi k_B T}\right)^{\frac{3}{2}} \mathrm{e}^{-\frac{mv^2}{2k_B T}}\mathrm{d}v_x\mathrm{d}v_y\mathrm{d}v_z = \frac{N}{V} \text{。}$$

$$(4.6)$$

　　因为概率分布已经归一化了，很显然，方程等号右侧的积分项等于1。如果大家想让自己确信，请回到方程(4.1)，并想想比例常数是如何推导出来的。

　　方程(4.4)所描述的分布就是著名的麦克斯韦速度分布。它的出现毫无疑问是 19 世纪物理学的伟大标志之一。当然，后续麦克斯韦还有许多更伟大的发现。其中最伟大的发现是描述电场和磁场的方程组，这使得麦克斯韦在物理学史上像爱因斯坦一样受人崇拜。

　　速率分布

　　通常我们对速度矢量的方向不感兴趣，只对它的大小感兴趣。速度矢量的大小当然就是速率。在方程(4.4)中，概率仅涉及速度的平方，速度方向不会改变结果。方程(4.4)中包含速度方向性信息的唯一因子就是速度空间的无穷小体积 $dv_x dv_y dv_z$。为了从速度分布导出麦克斯韦速率分布，我们要做的事情就是重写速度空间体积的表达式，对介于 $\vec{v}$ 到 $\vec{v}+d\vec{v}$ 之间的速度采用某一种形式，它能把速度矢量的方向信息完全抹掉。好，我们所要做的事情就是把速度矢量的方向信息扔掉。这很容易做到！大家可能遇到过球极坐标系，用 (r, θ, φ) 这三个坐标代替 (x, y, z)。在这里，$r^2=x^2+y^2+z^2$。在这个坐标系中，体积元 $dxdydz$ 变成了 $r^2 dr\sin\theta\, d\theta d\varphi$。对于我们研究的情况来说，可以得到

$$dv_x dv_y dv_z = v^2 dv\sin\theta d\theta d\varphi。 \tag{4.7}$$

　　因为我们不想要方位信息(记住，角 θ 和 φ 包含了方向信息)，我们将通过允许 θ 取 $-\frac{\pi}{2}$ 到 $\frac{\pi}{2}$ 之间每一个可能的值，允许 φ 取 0 到 2π 之间的所有值，来摆脱方位的影响。这相当于在刚才提到的范围内对 $\sin\theta d\theta d\varphi$ 做积分，而积分值就是 4π。因为一个球体的立

体角就是 4π，所以这不应该让大家吃惊。如果大家对上述讨论感到不舒服，图 4.1 应该可以给大家启发。考虑速度半径介于 v 到 $v+dv$ 之间的同心球壳。每一个矢量起点在原点，长度范围为 v 到 $v+dv$，它的终点就落在壳层中。这个壳层的体积是 $4\pi v^2 dv$。

39

因此，速率（或动量的模）的分布为：

$$N(v)\mathrm{d}(v)=\frac{N}{V}\left(\frac{m}{2\pi k_B T}\right)^{\frac{3}{2}}\mathrm{e}^{-\frac{mv^2}{2k_B T}}4\pi v^2 dv, \tag{4.8}$$

$$N(p)\mathrm{d}p=\frac{N}{V}\frac{1}{(2\pi mk_B T)^{\frac{3}{2}}}\mathrm{e}^{-\frac{p^2}{2mk_B T}}4\pi p^2 dp. \tag{4.9}$$

请记住，在方程（4.8）中，速率的允许值为 0 到 ∞。在方程（4.9）中，动量大小也是在类似的范围内。现在让我们把注意力集中到方程（4.9）上，并且通过剔除不必要的细节来重写它，该方程的动量形式如下：

$$N(p)\mathrm{d}p=C\mathrm{e}^{-\frac{p^2}{2mk_B T}}4\pi p^2 \mathrm{d}p. \tag{4.10}$$

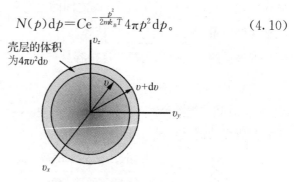

图 4.1　三维速度球

注：在经典统计力学中，速度（或动量）的任何取值都是被允许的。考虑某个速率值 v。由于速度矢量 $\vec{v}$ 可以指向任何方向，小于 v 的速率的允许值的数值就简单地等于半径为 v 的球体的体积。类似地，在 $\vec{v}$ 到 $\vec{v}+\mathrm{d}\vec{v}$ 之间速率的允许值等于壳层的体积 $4\pi v^2 dv$。请注意，这个图也可能会以动量的分量来标记。

方程(4.10)的右边是两个因子的乘积。第一个因子对应的是动量介于 p 到 $p+\mathrm{d}p$ 之间的概率。让我们称它为 $f(p)$，

$$f(p)=C\mathrm{e}^{-\frac{p^2}{2mk_BT}}。 \tag{4.11}$$

方程(4.10)的第二个因子($4\pi p^2\mathrm{d}p$)是 p 到 $p+\mathrm{d}p$ 这个范围内的动量体积，让我们把它称为态密度，由表达式 $g(p)\mathrm{d}p$ 给出。利用这两个定义，方程(4.10)可改写为：

$$N(p)\mathrm{d}p=f(p)g(p)\mathrm{d}p, \tag{4.12}$$

$$N(p)\mathrm{d}p=概率分布\times态密度。 \tag{4.13}$$

40

写成这种形式可以使它具有足够的普遍性，这样它既可以用于经典系统，也可以用于我们即将要讨论的量子系统。另外，它也很容易让人记住！

麦克斯韦—玻尔兹曼分布

我们刚刚讨论过的麦克斯韦的这个奠基性的发现，后来被伟大的奥地利物理学家路德维希·玻尔兹曼（Ludwig Boltzmann）继续向前推动。他奠定了基础并创建了统计力学这个学科。玻尔兹曼意识到麦克斯韦发现的速度概率分布具有更广泛的普遍性。在我们讨论的问题中，气体原子只有一个自由度，即平移自由度。原子仅有的能量形式就是动能。如果人们在处理气体分子，那么这些分子会有额外的自由度，如转动自由度、振动自由度等。每一个自由度都会有相应的能量。我们现在知道原子有内部结构。原子中的电子位于不同的能级上并具有不同的能量。

玻尔兹曼能够证明，在一般情况下，在一个热平衡的系统中能量的概率分布为：

$$f(E)\propto\mathrm{e}^{-\frac{E}{k_BT}}。 \tag{4.14}$$

上述表达式中的常数 k_B 现在被称为玻尔兹曼常数。请记住，如果 $f(E)$ 要成为一个真正的概率分布，它应该被归一化，这样 $f(E)$ 对所有能量的积分结果就是1（见图4.2）。

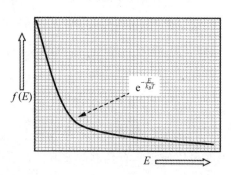

图4.2　玻尔兹曼分布

注：在经典统计力学中，粒子具有能量 E 的概率 $f(E)$ 是由图中所示的玻尔兹曼分布给出的。这是一个指数分布，其能量的特征尺度为 $k_B T$，其中常数 k_B 被称为玻尔兹曼常数。

接下来，让我们写出表达式 $N(E)\mathrm{d}E$，它是能量介于 E 和 $E+\mathrm{d}E$ 之间的平均粒子数。我们可以从方程（4.10）得到它。在牛顿力学中，能量和动量的关系为 $E=\dfrac{p^2}{2m}$。大家要做的事情就是以能量的形式写出态密度表达式。可以证明：

$$p^2\,\mathrm{d}p=\sqrt{2m^3}\sqrt{E}\,\mathrm{d}E_{\circ} \tag{4.15}$$

因此，采用能量的形式，方程（4.10）可写成如下形式：

$$N(E)\mathrm{d}E=(\cdots)\mathrm{e}^{-\frac{E}{k_B T}}\sqrt{E}\,\mathrm{d}E_{\circ}$$

把所有常量代回方程，我们得到：

$$N(E)\mathrm{d}E=\frac{N}{V}\left(\frac{2}{\sqrt{\pi(k_B T)^3}}\right)\mathrm{e}^{-\frac{E}{k_B T}}\sqrt{E}\,\mathrm{d}E_{\circ} \tag{4.16}$$

图 4.3 是这个重要概率分布的示意图。作为一个练习，大家可以尝试验证：对低能量区域，该分布函数随 $\sqrt{E}$ 增加而增加；而在高能量区域，概率分布像 $e^{-\frac{E}{k_B T}}$ 一样，呈指数下降。

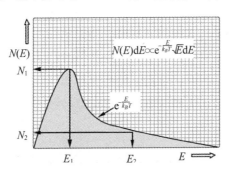

图 4.3　麦克斯韦－玻尔兹曼分布

注：该图显示了在玻耳兹曼统计中，能量介于 E 和 $E+dE$ 之间的粒子数，如方程(4.16)所示。这个结果被称为麦克斯韦—玻尔兹曼分布，或简单地说是玻耳兹曼分布。粒子数的分布是由能量为 E 的粒子的概率函数 $f(E)$ 与能量介于 E 和 $E+dE$ 之间的态密度 $g(E)dE$ 两者得到的。由方程(4.15)可以看出：$g(E)dE \propto \sqrt{E}dE$。如果 $E \ll k_B T$，上述分布正比于 $\sqrt{E}$；而当 $E \gg k_B T$ 时，概率分布呈指数下降，这个指数尾就是经典统计学的特征。

量子力学

粒子就是波！

在我们讨论量子理论对玻尔兹曼的统计力学的修正之前，回顾一下经典力学和量子力学的一些显著差异是有益的。正如我们之前提到的，经典力学是有确定性的。也就是说，我们可以精确地描述一个电子的运动，这是因为在经典力学中，它的位置和动量可以以任意精度来确定。但在量子力学中，情况并非如此。其根本原因在于，在量子物理学中，电子是一个模糊的物体。量子革命始于 1924 年，法国物理学家路易·德布罗意（Louis de Broglie）提出了一个非凡的建议：所有粒子必定也有波的特性。这一说法后来被称为波粒二象性。大家记得，1905 年爱因斯坦引入了一个概念，光能是成束的或成小颗粒的，构成光的粒子被称为光子。光电效应清楚地表明，光具有粒子的特性，而光的干涉现象揭示了光的波动性质。德布罗意想知道为什么粒子没有这样的二象性！他认为每一个粒子都可以被赋予一个波长，可由下式给出：

$$\lambda = \frac{h}{p}, \tag{4.17}$$

此处 p 是粒子的动量。这个波长现在被称为德布罗意波长。注意，该公式对光子及物质粒子都适用；而光子的动量是 $\frac{h\nu}{c} = \frac{h}{\lambda}$。

波函数

德布罗意的想法也是量子力学的基本原则之一，人们基于它建立起了量子力学的上层建筑。如果粒子是波，那么它们一定是某些波动方程的解。这个方程由欧文·薛定谔（Erwin Schrödinger）发现，后来就以他的名字来命名。让我们具体地考虑电子的情况。根据薛定谔建立起来的波动力学，电子的每个态（称为量子态）代表一系列驻波，或简谐振动的一个正态模。这恰如一个拨弦振动的基音及其谐音。

在量子力学中，我们认为电子只是一个波包，所以电子是波，而不是一个点粒子。在什么地方波包和电子能够联系在一起呢？在任意给定时刻，通过一次观察可能会在任意位置找到粒子，在那个地方波函数 ψ 不是零。人们如果从概率的角度来讨论问题，

那么在一个点的附近找到粒子的概率由 $|\psi|^2$，即波函数的模的平方给出。

海森堡测不准原理

量子力学中粒子的模糊性破坏了经典力学的确定性，而这种确定性是经典力学的标志。量子物理学的这种固有的不确定性，被沃纳·海森堡(Werner Heisenberg)在 1927 年以数学的形式明确表达了出来。让我们来设计一个实验，并通过它来非常精确地测量盒子里的电子的位置和动量。根据海森堡原理，人们不能做到这一点。人们不能以无限的精度同时测量位置和动量。如果大家试图非常精确地测量位置，那么动量的测量将有巨大的误差。同样地，大家对动量进行非常精确的测量，也会严重影响所能测定的电子位置的精度。更准确地说，如果 Δx 是位置测量的误差，Δp 是动量测量的误差，那么：

$$\Delta p \Delta x \geqslant \frac{h}{2}, \tag{4.18}$$

此处，h 是普朗克常数。正如我们今天所知道的那样，德布罗意的波粒二象性原理和海森堡的测不准原理是量子力学的两个基本公理。爱因斯坦从来都不喜欢测不准原理。尽管在他 1955 年去世之前的 30 多年里，量子力学取得了令人难以置信的成功，但他仍拒绝接受它。不过这是另一个故事了。如果想阅读更多关于量子力学进展的内容，我给大家强烈推荐"量子革命"(*The Quantum Revolution*)三卷本，它们是由文卡塔拉曼(G. Venkataraman)撰写的。

分离的能级

在量子力学中，物质波动本质的一个根本性的结果是能级是分离的。大家从玻尔理论已经知道原子中的电子能量的允许值是离散的，我们称之为能级。能级分离是相当普遍的。由于这个概念很快又会用到，让我们考虑长度为 L 的一维盒子中的一个电子，并假设盒子壁是不可穿透的。换句话说，电子被限制在 $0<x<L$ 的范围内。电子可以在这个范围内自由移动，并在两个壁上来回反弹。这就等价于边界条件是：在位置 $x=0$ 和 $x=L$，波函数 $\psi=0$。我们已经提到，根据薛定谔方程，电子的每个能态对应一个驻波解。大家可以从弦在两点之间振动这个熟悉的例子得知，简正模式对应于波长为 $\lambda=2L/n$ 的正弦波，其中 $n=1$，2，3，…，前三个能态的波函数如图 4.4 所示。

45 　　　对应于这些驻波解的能量 E 的允许值可由下式给出：

$$E_n=\frac{n^2h^2}{8mL^2}\text{。}\tag{4.19}$$

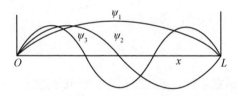

图 4.4 　一维盒子中一个电子振动的波函数

注：图中是在长度为 L 的一维盒子里，粒子的前三个分立能级的波函数。注意，波函数满足驻波条件。它们恰好与两端固定的一根弦的振动的简正模式相同。

　　我们并没有推导这个表达式，但是在量子力学的所有初级教程中都可以找到它（见图 4.5）。请注意，能量允许值的两个细节：

　　1. 因为 $n=1$，2，3，…，所以允许的能级是分离的。

　　2. 盒子越小，能级的允许值越大。

上面的讨论可以很容易地推广到三维盒子中。 *46*

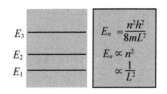

$$E_n = \frac{n^2 h^2}{8mL^2}$$

$$E_n \propto n^2$$

$$\propto \frac{1}{L^2}$$

图 4.5 一维盒子中一个粒子的能级

注：通过量子数 n，把各种分离能级的能量允许值标记出来，可以假设 n 的值为 1，2，3，…，注意，这些能量值直接与量子数 n 的平方成正比，而不像氢原子那样，其与 n^2 成反比。还要注意，能级是由盒子的大小决定的。

量子统计力学

我们现在准备讨论量子统计力学的基本原理。大家还记得，在气体动力学理论中，首先出现了对统计力学的需求。要阐明我们的想法，让我们举两个例子，在处理量子系统时需要用到统计力学。

1. 首先，让我们考虑由氢原子组成的气体（见图 4.6）。在经典物理学中，原子是点粒子，我们现在已经知道，氢原子有一个内部结构，即电子围绕着位于中心的质子运动。根据玻尔理论，做轨道运动的电子可以位于任何允许的能级，该能级由量子数 n 来定义。在一个孤立的原子中，电子通常处于最低的量子态，其 $n=1$；这个能级的结合能是 -13.6 eV。但是，在气体中不是所有的原子都会处于最低能级。在一个有限的温度下，气体中的原子会不断地相互碰撞。在这样的碰撞中获得的能量可以用来激发原子内部的电子到一个更高的能级。是激发到能级 $n=17$，$n=101$，还是 $n=272$，这取决于在碰撞中获得了多少能量。碰撞也能从一个原子中提取能量，造成一个电子从较高的能级，比如说 $n=272$ 的能级，跳到一个较低的能级。现在让我们提出一个在实际情况中出现的问题。

　　让我们来考虑有 N 个氢原子的气体，我们想知道在某个特定的电子能级上有多大比例的原子。换句话说，我们想知道 $N(E_n)$ 的平均值，此处 E_n 是原子的内部能级，不要与原子的动能相混淆。

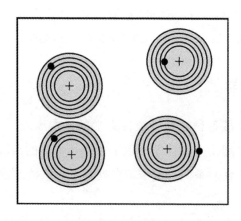

图 4.6　由氢原子组成的气体

　　注：用一个例子来说明统计力学是如何进入量子力学的。考虑温度为 T 的氢原子气体。当气体很稀薄时，所有的原子都处于基态，即量子数 $n=1$ 的最低能态。但是如果气体的密度足够大，原子就会经常互相碰撞。在这个过程中，原子的动能（$\frac{3}{2}k_BT$）可以转化为原子的内能。结果是，如图所示，不是所有的原子都处于最低能态。这一过程的逆过程也会在碰撞过程中发生。在足够多次碰撞后，原子不停地激发和去激发，人们可以问一个问题：电子位于某个特定能级的原子的平均数目是多少？统计力学就试图回答这样的问题。

　　2. 另一个例子，让我们考虑约束在体积为 V 的空间中、由 N 个电子组成的气体。正如我们上面讨论过的，每个电子的能量是量子化的，并且可以假设只有一组分离值。让我们将这些分离能级指定为 E_n。让电子气体处于热平衡状态，其温度为 T。显然，并不是所有的电子都具有相同的能量，人们可以有把握地预测能量将存在一个分布。问题是："具有某个特定能量的电子的平均数目是多少？"

对于足够稀薄的气体来说，在足够高的温度下，上面提到的两个例子所涉及的问题的答案将由玻尔兹曼统计分布给出（见图 4.7）。

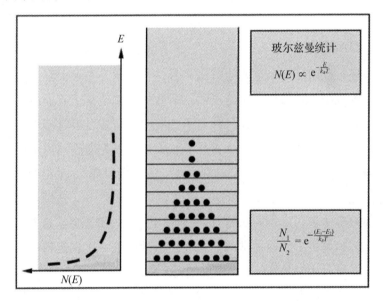

图 4.7 在玻尔兹曼统计分布中能级是如何被填充的

注：在热平衡时，不同能级的数量比例是唯一确定的。事实上，这就是如何定义激发温度这个概念。在真实的热力学平衡状态中，这样定义的温度与麦克斯韦速度分布中的动力学温度是相同的。

玻尔兹曼统计分布和量子系统

尽管我们正在处理量化的能级，但是让我们假设这些能级中给定粒子数量的分布符合统计规律，如果大家喜欢，我们仍然认为这个分布符合经典统计力学；换句话说，即符合我们早先讨论过的玻尔兹曼统计分布。能量等于 E_n 的平均粒子数由下式给出：

$$N(E_n) \propto \mathrm{e}^{-\frac{E_n}{k_B T}} \text{。} \tag{4.20}$$

48 它表明两个能级的粒子数量比可由下式给出：

$$\frac{N_1}{N_2} = \mathrm{e}^{-\frac{(E_1 - E_2)}{k_B T}} \text{。} \tag{4.21}$$

温度的含义

还可以用另一个重要的方式来看这个结果。在一个真正的热平衡系统中，式(4.21)所给出的粒子数的比例定义了我们所说的温度。想象一下，我们在处理原子的一个集合体。大家有没有想过，一定温度下的气体意味着什么？大家会首先遇到热力学中温度这个概念。如果大家回到教科书中，大家会发现 19 世纪的物理
49 学家还没有很好地定义温度这个概念。直到 1909 年，法国数学家卡拉塞奥多里(Carathèodory)正确地设定了这一概念后，这件事才被彻底地解决了。他提出的公式在热力学中第一次在逻辑上前后一致。统计力学是如何定义温度的呢？

麦克斯韦曾经把温度定义为速度分布的宽度。为方便起见，下面我们重写麦克斯韦的速度分布，由方程(4.4)可知：

$$N(v)\mathrm{d}v_x\mathrm{d}v_y\mathrm{d}v_z = \frac{N}{V}\left(\frac{m}{2\pi k_B T}\right)^{\frac{3}{2}} \mathrm{e}^{-\frac{mv^2}{2k_B T}}\mathrm{d}v_x\mathrm{d}v_y\mathrm{d}v_z \text{。}$$

在数学中，函数 $\mathrm{e}^{-\frac{mv^2}{2k_B T}}$ 是一个非常著名的函数，被称为高斯分布。它是一个钟形曲线，其特征宽度由 $\sqrt{\frac{k_B T}{m}}$ 给出。因此，麦克斯韦可

能会说温度只不过是速度分布的宽度。同样地，他也许会说温度就是粒子平均能量的一个度量，由 $\frac{3}{2}k_B T$ 给出。

但玻尔兹曼可能不会同意。他会说，温度的概念是由不同能级的粒子数的比例来确定的，可由式(4.21)得出。

谁是对的呢？如果原子气体处于真正的热力学平衡，那么他们都是正确的。在真正的热力学平衡中，粒子之间频繁的碰撞将确保不同自由度之间进行通畅的交流（假如它们可以交流）。因此，在真正的热力学平衡中，麦克斯韦速度分布和玻尔兹曼分布给出的温度是一样的！

那么，在什么情况下这两者给出的温度将会不相同？如果气体极其稀薄，那么粒子之间将不会有足够次数的碰撞，从而无法建立真正的热平衡。这种情况在天文学上是很常见的。例如，星际介质就是非常稀薄的，粒子的数密度大约是每立方厘米中有 1 个原子！和陆地上的物质比较一下，每立方厘米中大约有 10^{23} 个原子！所以，毫不奇怪，在如此稀薄的气体中，会出现：

·物质和辐射不会处于热平衡。所以，如果人们将某个温度归因于辐射（让我们称它为辐射温度），那么它将不符合气体的温度。在这种情况下，辐射谱与黑体辐射谱将不一致。

·运动自由度与内部自由度（如内部的静电能级、振动能级、转动能级等）不会取得平衡。所以，运动学温度（根据速度分布的宽度来定义的）并不等于激发温度（根据内部能级上粒子数的比例来定义的）。

玫瑰不管叫什么名字，它仍然是玫瑰。但对温度而言，事情并不是这样的，除非在真正的热力学平衡条件下！

量子统计

量子统计法则在三个基本方面不同于经典统计法则。我们现在将讨论它们。

相空间中的单元格

在统计物理中有一个非常有用的概念就是相空间。它是一个六维空间，其中三维代表空间坐标(x, y, z)，其他三维代表动量的三个分量(p_x, p_y, p_z)。把气体装在体积为 V 的容器中，让我们聚焦动量的三个分量的允许值。

在经典统计力学中，粒子可以取动量的所有值，它们没有任何限制。例如，在 p 到 $p+dp$ 的区间内，动量的数值是 $4\pi p^2 dp$。（参考图 4.1。虽然这个图已经标上了速度的分量，但它也可以用动量来标记。）

在量子统计力学中，并不是动量的所有的值都被允许，即只有某些离散的值才被允许。这是物质波动性质的一个简单结果。在我们讨论盒子中一个电子的行为时（见图 4.4 和图 4.5），我们可以看到这点。因此，动量空间不是连续的，而是离散的。从图 4.8 中可以看出，在量子物理学中，动量空间是使用基本的组块或单元格来构建的，其体积可表达为：

$$基本单元格的体积 = \left(\frac{h}{L}\right)^3 = \frac{h^3}{V}, \tag{4.22}$$

其中 $V = L^3$ 是长度为 L 的立方体盒子的体积。

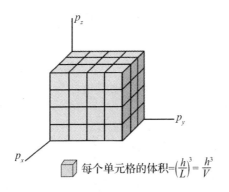

图 4.8　由单元格堆积而成的动量空间

注：在量子力学中，只允许取动量的一些离散值。我们看到了一维盒子中一个粒子的例子，但实情就是这样。因此，量子力学中的动量空间是不连续的，而在经典物理学中它是连续的(图 4.1)。相反，它是由堆积的单元格组成的。这些原始单元格的体积基本上是由海森堡测不准原理来确定的。盒子的体积越大，动量的不确定性就越小，因此单元格的体积就越小。底线是：在相空间中的每一个单元格里会有一个动量态。

在每一个单元格中有一个动量组合的允许值(p_x，p_y，p_z)。我们对小于某一个动量值 p、可允许的动量是多少感兴趣。在经典物理学中，这是一个简单的半径为 p 的动量球的体积，即盒子中每单位体积中的动量体积是 $\left(\dfrac{4\pi}{3} p^3\right)$。对于一个体积为 V 的盒子，允许的动量值对应的相体积是 $V\left(\dfrac{4\pi}{3} p^3\right)$。在量子统计学中，这个可允许的动量的数目等于球中单元格的数目，即

$$\frac{\frac{4\pi}{3} p^3}{h^3 / V} = \frac{V \frac{4\pi}{3} p^3}{h^3} 。 \tag{4.23}$$

51

在方程(4.12)和(4.13)中，我们已经介绍了动量态密度这个概念：

$$g(p)\mathrm{d}p=4\pi p^2\mathrm{d}p。$$

这是在 p 到 $p+\mathrm{d}p$ 之间的动量值的数目。在量子统计学中，态密度由下式给出：

$$g(p)\mathrm{d}p=\frac{V4\pi p^2\mathrm{d}p}{h^3}。 \tag{4.24}$$

也可以依据海森堡测不准原理来理解动量空间的粒度。让我们考虑长度为 L 的一维盒子中一个粒子的运动。大家记得，对位置 x 和动量 p 这两个变量，根据测不准原理：

$$\Delta x\Delta p_x\geqslant h。$$

我们知道粒子是在长度为 L 的盒子里，它的动量有一个不确定性：

$$\Delta p_x\sim\frac{h}{L}。$$

换句话说，我们不允许定义粒子动量的 x 分量的精度高于 $\frac{h}{L}$；这样做是没有意义的！同样的论点适用于 p_y 和 p_z。因此，如果大家喜欢，动量空间的粒度可以表示为：

$$\Delta p_x\Delta p_y\Delta p_z\sim\left(\frac{h}{L}\right)^3。$$

因此，我们来看我们早先的结果，在相空间中，每个单元格中只有一个动量态。如果使盒子变得更大，那么动量的不确定性就变得更小。单元格的体积减小，那么在某个动量范围内的单元格的数目就增加了(见图4.8和图4.9)。

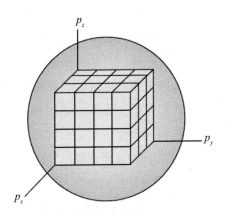

图 4.9 动量球中的单元格

注：考虑动量的一个值，其大小为 p。动量小于 p 的动量态的数目等于半径为 p 的球体内的单元格数目。这正是动量球的体积被基本单元格的体积除，见式 (4.24)。

难以区分的粒子

下面，让我们讨论经典力学和量子统计力学的第二个基本区别。玻尔兹曼通过假设粒子是可区分的，得出了他的统计分布。尽管它们可能是同一种类的原子，但气体原子或分子有其身份特征。玻尔兹曼不知道原子是由电子、质子和中子组成的。但他或许已经假设它们是可区分的了。在量子统计学中，一个给定种类的基本粒子是不可区分的。换句话说，尽管大家可以区分电子和质子，但所有的电子都是相同的。类似地，所有的中子也都是相同的。

如何讨论可区分的相同粒子之间的区别呢？记住统计力学的基本目标是计算特定的概率分布。例如，我们想知道一个特定能量的粒子的平均数目是多少。事实上，我们正在寻求平均值就意

53

味着，如果我们重复测量，我们会得到不同的答案。让我们考虑粒子总数是 N。这个游戏的名字是列举出在 M 个层级上这些粒子的可能的分布方式的数目，有一个妙方来找到一个给定层级的平均占有率。正是在这个列举中，可区分的和相同的粒子之间的区别就显示出来了。让我们考虑一个简单的例子，我们想要把两个红色球和一个蓝色球放到三个盒子里，而且每一个盒子里只能有一个球。图 4.10 给出了相同的红色球被放置的不同的可能性。

54

如果红色球是可区分的（让我们称之为 R_1 和 R_2），那么有三种以上的排列法；每行会有一种以上排列，如 R_1 和 R_2 互换。在可区分的和不可区分的粒子之间这种看似无害的差异，实际上会导致在量子物理学中出现非常不一样的统计学结果。

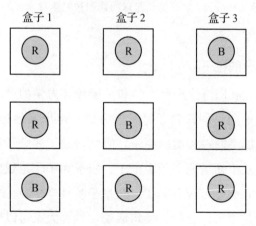

图 4.10　把两个相同的红色球（R）和一个蓝色球（B）放到三个盒子里

注：这个图展示了两个相同的红色球和一个蓝色球放在三个盒子里的方法数，注意一个盒子只能放一个球。如果两个红色球是可区分的（不完全相同），那么它们可以被标记为 R_1 和 R_2。显然，上图中的每一行还会有另一种配置，即 R_1 和 R_2 互换，因此，排列的方法将超过三种。

自旋与统计

上面的讨论应该足以让我们理解经典统计力学和量子统计力学之间的本质区别。在经典物理学中，我们有玻尔兹曼统计力学。同样，在量子物理学中我们有独特的统计力学吗？答案是否定的。这是因为在量子物理学中有两族粒子。在一个量子系统的 M 个能级或能态中，分布 N 个基本粒子的规则取决于基本粒子属于哪一族。基本粒子被分到哪一个族中，是由粒子的重要内禀属性，即自旋决定的。让我们对它稍微讨论一下。

在经典物理学中，电子以其质量和电荷为特征。它也具有角动量，这是因为在原子中电子围绕原子核运动，或是由于其在磁场中的回旋运动。我们在《恒星的故事》那本书中的"塞曼效应"那部分讨论过这个问题。1925 年，乌伦贝克(Uhlenbeck)和古德斯米特(Goudsmit)指出，如果电子具有内禀角动量和磁矩，就可以解释原子光谱中的某些特征。这个角动量并不是由任何轨道运动所引起的，而是粒子的固有特性。他们最初认为，这可能是由于电子围绕其质量中心轴旋转或转动而产生的，如陀螺的旋转。据他们说，一个电子就像一根磁棒，其磁矩的方向可以与所引入的磁场平行或反平行。显然，两个方向会在能量上有轻微的不同（见图 4.11）。回忆一下，两根极为靠近的磁棒会有不同的能量，它取决于两根磁棒的磁场是平行的还是反平行的。对原子光谱进行详细分析，乌伦贝克和古德斯米特推断电子的内禀角动量等于 $\frac{1}{2}\hbar$，此处 $\hbar = \frac{h}{2\pi}$。大家可能记得，普朗克常数具有角动量的量纲（如果有人还不知道，那就自己证明吧）。

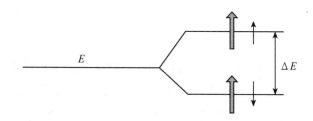

图 4.11 外部磁场对电子能级的影响

注：设 E 是在某个量子态时电子的能量。存在外部磁场时，这个能级将分裂成两个能级。这是因为电子的磁矩可以平行或反平行于磁场。平行时，如图所示，它将有更高的能量。这两个能级之间的能量差将取决于所施加的磁场强度。

电子的内禀角动量可能是由于电子围绕转动轴自旋而产生的，理解这个概念存在一定的困难。假如这是对的，那么电子可以有任意的自旋角动量，原因是这仅仅取决于电子的自旋有多快。但原子光谱清楚地表明事情并非如此。电子的内禀角动量等于 $\frac{1}{2}\hbar$，并不是任意值。1928 年，英国伟大的物理学家狄拉克（P. A. M. Dirac）发现了一个方程，它把电子的波动力学理论和爱因斯坦的狭义相对论结合起来，巧妙地化解了这个尴尬的局面。薛定谔早期发现的波动方程与狭义相对论是不一致的，因而相对论波动方程现在就被称为狄拉克方程。狄拉克的这一发现被认为是 20 世纪物理学最伟大的成就之一。和我们相关的一点是，在狄拉克的理论中，电子自然地被赋予了一个内禀角动量 $\frac{1}{2}\hbar$，它和磁矩相关。

很快，情况变得清晰了，所有的基本粒子都必须有内禀角动量，人们称之为自旋。因此，人们对每一族粒子都赋予了一个自旋量子数 s。相应的自旋角动量就是 $s\hbar$。这个自旋量子数可以取以下给定值：

$$s=0,\ \frac{1}{2},\ 1,\ \frac{3}{2},\ 2,\ \frac{5}{2},\ \cdots。 \qquad (4.25)$$

这听起来好像很古怪，因为大家对主量子数 n 很熟悉，即玻尔在氢原子结构理论中引入的，并假定 n 只能取整数 1，2，3，…。但自旋量子数可以是一个整数（1，2，3，…），也可以是半整数（$\frac{1}{2}$，$\frac{3}{2}$，…）。

表 4-1 给出了一些比较重要的基本粒子的自旋量子数。具有半整数的自旋量子数的粒子被称为费米子，具有整数自旋量子数的粒子被称为玻色子。现在让我们回到量子统计力学的故事中。我们说，在 M 个能级或能态中填充 N 个基本粒子的规则取决于粒子所属的族类。我们需要牢记费米子和玻色子是两个粒子族类。如果我们所考虑的粒子是费米子（如电子、质子和中子），那么填充能级的规则称为费米—狄拉克统计。另一方面，如果粒子是玻色子，那么它们服从不同的量子统计，被称为玻色—爱因斯坦统计。在这一本书中，我们主要关心电子、质子和中子。因此，我们将在第 5 章"费米—狄拉克分布"中专门讨论如何把费米—狄拉克统计运用到费米子中。

表 4-1　一些基本粒子所携带的量子数

粒子	自旋	费米子	玻色子
电子	1/2	√	
正电子	1/2	√	
中微子	1/2	√	
质子	1/2	√	
中子	1/2	√	
μ介子	1/2	√	

续表

粒子	自旋	费米子	玻色子
Ω子	3/2	√	
π介子	0		√
K介子	0		√
光子	1		√
引力子	2		√

在继续往下讲之前，我们还想说一说玻色—爱因斯坦统计。这个统计是波色(S. N. Bose)在印度加尔各答(Calcutta)工作期间发现的。他的主要目标是依据基本原理推导出黑体辐射的频谱，也就是现在众所周知的普朗克定律。虽然普朗克(Planck)已经发现了光谱的本质，但他还没有提供令人足够满意的理论推导过程。玻色着手处理推导普朗克定律这个问题，是由于他发现在热平衡时光子与物质之间的统计分布存在一个问题。1924年，他完成了这项工作。他的基本研究成果包含在他的两篇论文中。他把它们寄给了爱因斯坦，请他把它们翻译成德文并将它们发表在一个著名的德国杂志上。爱因斯坦做到了！但是，甚至在收到第2篇论文之前，爱因斯坦就意识到，玻色所推导出的光子的统计分布要远比玻色自己认为的更普适、更基本。事实上，除了把玻色的论文翻译成德文并使其发表之外，爱因斯坦自己跟着也写了一篇论文，把玻色的统计分布应用到了氦原子核上。大家可能知道氦原子核是由2个中子和2个质子组成的。从表4-1可以看出，中子和质子的自旋都等于 $\frac{1}{2}\hbar$。记得我以前说过，电子的自旋角动量的方向只能向上或向下（相对于某一个选定的轴）。换句话说，自旋角动量

可以是 $+\frac{1}{2}$ 或 $-\frac{1}{2}$（以 $\hbar$ 为单位）。大家可以自己证明，在氦原子核内，无论 2 个质子和 2 个中子的自旋取向如何，4 个粒子合成的自旋必须是 $\hbar$ 的整数倍。因此，氦原子核必须服从玻色统计。因为是爱因斯坦首先意识到这一点的，所以人们就把这种统计称为玻色—爱因斯坦统计。

爱因斯坦把它普适化似乎很简单，但它对极低温度下液态氦的特性有深刻的影响，1925 年爱因斯坦就指出了这一点。在爱因斯坦给出这一预言的 76 年后，在 2001 年，三名物理学家被授予了诺贝尔物理学奖，以表彰他们通过实验证实了现在被称为玻色—爱因斯坦凝聚的现象。我们将在这个系列著作的下一本《中子星和黑洞》(*Neutron Stars and Black Holes*)中稍微讨论一下它，因此，在此我们就不偏题去详谈这些了。我给大家推荐一本令人愉快的书《玻色和他的统计》(*Bose and His Statistics*)，它是由文卡塔拉曼撰写的，其中有全面的和历史性的记述。

为什么费米子和玻色子遵循不同的规则呢？自旋与统计之间的联系是什么呢？这是一个很深奥的问题。沃尔夫冈·泡利(Wolfgang Pauli)指出自旋与统计之间的联系导致了相对论量子力学的发现。泡利的论点非常复杂和微妙。但对于这个基本问题，还没有人能找到一个简单明了的答案。让我们听听费曼(Feynman)对这个问题说了些什么吧：

　　……这似乎是物理学中难解的几处之一，其中有一个规则可以简单地陈述出来，但没有人能找到一个简易的解释。在相对论量子力学中，这样的解释是相当深奥的。这可能意味着我们还没有完全理解所涉及的基本原理。此时，大家将不得不把它作为统治世界的规则之一。

这已经是一个冗长的题外话了，但我希望大家能发现它对我们理解这一系列著作中要讨论的许多事情是有帮助的。我们讨论的事情是现代凝聚态物理中司空见惯的内容。

在回顾了统计力学原理之后，现在让我们开始对费米—狄拉克分布进行更详细的讨论。

第5章 费米—狄拉克分布

正如在前一章中讨论的那样，自旋量子数等于$\frac{1}{2}$的粒子，如 电子、质子和中子，其概率分布服从费米—狄拉克分布。意大利物理学家恩里科·费米(Enrico Fermi)在研究电子时首先发现了这个分布。该分布与量子力学的关系由狄拉克在1926年发表的一篇具有开创意义的论文中予以阐明。因此，这两位伟大的物理学家的名字与这个分布联系在一起(图5.1)。

泡利不相容原理

沃尔夫冈·泡利第一个揭示了像电子一样自旋是$\frac{1}{2}$的粒子的一个重要真相。让我们在盒子中放两个电子。泡利注意到，描述这两个电子的波函数在坐标系中必须反对称，而且完全相同的粒子的自旋也是反对称的：这就是说，如果把一个粒子的坐标和自旋当作一组，与另一个的相对换，那么波函数只需改变符号。换句话说，我们只需加进一个负号。另一种说法是，如果我们对换 两个粒子，那么波函数必须是反对称的。根据这一点，泡利就得出了一个普遍适用的规则，现在已经以他的名字来命名了：

> 没有两个电子可以处于相同的电子量子态。

更简单地说，如果在一个量子态中已经有了一个电子，那么第二个电子不可能占据相同的量子态。因此，对于电子来说，占据每一个量子态的电子数只能取 0 或 1。在薛定谔发现波动力学前，泡利在 1925 年阐明了这个极其重要的原理。费米和狄拉克各自独立地认识到了泡利不相容原理的深刻意义，然后构建了我们现在要讨论的概率分布。

图 5.1　左边是恩里科·费米，右边是保罗·狄拉克

费米—狄拉克分布

让我们考虑费米子理想气体，如电子气体。这样的气体通常被称为费米气体。在能量 E_k 的量子态 k 中，粒子的平均数量由下式给出：

$$f(E_k) = \frac{1}{e^{(E_k - \mu)/k_B T} + 1}。 \tag{5.1}$$

这是服从费米—狄拉克统计的理想气体的概率分布（通常简称为费米分布）。在上述的表达式中，μ 为化学势。简单来说，μ 就是在系统中增加一个粒子所需要的能量。它的意义将很快变得清晰明了。在该系统中粒子的总数 N 可以通过累加所有量子态中的平均粒子数而得到。

$$\sum_k f(E_k) = \sum_k \frac{1}{e^{(E_k-\mu)/k_B T} + 1} = N。 \tag{5.2}$$

方程(5.2)确定了化学势 μ 是 T 和 N 的隐函数。

基本粒子的费米气体

考虑由基本粒子组成的一种气体,如电子气体。简单来说,一个基本粒子的能量就是其运动的动能。

$$E = \frac{1}{2m}(p_x^2 + p_y^2 + p_z^2)。 \tag{5.3}$$

在这种情况下,分布函数刚好是粒子相空间的函数。大家记得我们在讨论麦克斯韦—玻尔兹曼气体时引入了相空间这个概念。它是一个六维量,由三维空间 (x, y, z) 和三维动量 (p_x, p_y, p_z) 组成。因此,在一个相空间体元 $dp_x dp_y dp_z dV$ 中,粒子的数目由费米分布式(5.1)乘以下态密度得到。

$$2 \times \frac{dp_x dp_y dp_z dV}{h^3} = 2 \times \frac{4\pi p^2 dp dV}{h^3}。$$

请记住,因为我们正在处理一个量子系统,所以相空间是离散的。这就是为什么在相空间 $dp_x dp_y dp_z dV$ 中基本体积被相格体积 h^3 所除。这将会给出所期望的动量区间[见公式(4.24)及图4.7和图4.8]中的相格数。大家会注意到上面的方程与方程(4.24)差一个因子2。从图5.2中可以清楚地看出它的含义。实际上,我们在相空间中的每一个量子相格中都放两个电子。这是不是违反了泡利不相容原理(其要求每一个量子态中最多只能有一个电子)?不,它没有违反。理由如下:在量子力学中,一个电子有两个自由度——平动自由度和自旋自由度。给定了粒子的动量,我们定义电子的态,就需要考虑平动自由度。但是要完成对粒子的量子态的描述,我们也必须给定自旋的方向。由于电子是自旋为 $\frac{1}{2}$ 的粒子，自旋角动量可以有两个方向，我们可以称之为向上和向下。这两个自旋方向对应着两个截然不同的量子态。因此，只要我们确保两个电子的自旋方向相反，我们就可以把它们放在相空间中的同一个相格内，它并不违反泡利不相容原理！

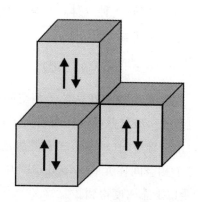

图 5.2　一个相格中放两个自旋方向相反的电子

注：如果要给定一个电子的量子态，人们不仅需要指定它的动量（或能量）大小，而且还要指定它的自旋方向。电子的自旋角动量指向相反的方向。因此，具有相同的动量大小但自旋方向相反的两个电子代表了两个截然不同的量子态。因此，在相空间中的每一个相格中可以放进两个电子，如图所示。这不会违反泡利不相容原理。

62　　用气体的总体积 V 代替 dV，我们就可以得到粒子动量的分布。这个替代的意义应该是很明确的。如果我们只对动量的大小感兴趣，显然，粒子可以待在盒子中的任何地方。

因此，动量大小介于 p 和 $p+$dp 之间的电子数可由下式给出：

$$N(p)\mathrm{d}p = f(p)g(p)\mathrm{d}p,$$

$$N(p)\mathrm{d}p = \frac{1}{e^{(E-\mu)/k_B T}+1}\frac{8\pi p^2 \mathrm{d}p V}{h^3}。 \tag{5.4}$$

此处 $E=\dfrac{p^2}{2m}$。参考玻尔兹曼统计中对应的表达式（4.10）和（4.12）。

回顾一下式(4.15)，在能量空间中费米分布可以写为：

$$p^2 \mathrm{d}p = \sqrt{2m^3}\sqrt{E}\,\mathrm{d}E,$$

$$N(E)\mathrm{d}E = \left(\frac{V8\pi\sqrt{2m^3}}{h^3}\right)\frac{1}{\mathrm{e}^{(E-\mu)/k_BT}+1}\sqrt{E}\,\mathrm{d}E。 \qquad (5.5)$$

在能量空间中对方程(5.5)进行积分，我们就可以得到气体中 *63* 的粒子总数：

$$N = \left(\frac{V8\pi\sqrt{2m^3}}{h^3}\right)\int_0^{\infty}\frac{1}{\mathrm{e}^{(E-\mu)/k_BT}+1}\sqrt{E}\,\mathrm{d}E。 \qquad (5.6)$$

简并电子气体

现在我们重点讨论电子气体在极低温度下的特性。低或高、大或小这些词在物理上没有什么意义。这些形容词必须是在与某些东西相比较时才有意义！温度为 10^5 K 的白矮星相对于目前讨论的对象来说，是一个非常冷的天体。我们将在本系列著作的下一本书中看到，内部温度为 10^7 K 的中子星应该被认为是冷得难以置信的。这么说的意义马上就会变得清晰。

绝对零度时的电子气体

理解费米分布和玻尔兹曼分布之间的差异，最戏剧化的方式是考虑 $T = 0$ K 时电子气体的统计特性。在经典物理学中，绝对零度时所有运动都停止。这是很自然的，因为粒子的运动是需要热量的。事实上，热量就是这些随机运动的体现。$T = 0$ K 时，气体的内能为零，因而气体的压强也消失了。

因为电子气体是一种量子气体，所以其情况并非如此。由于电子必须服从泡利不相容原理，所以所有的电子不能都放在零能量态中。泡利不相容原理要求任何态中包含的电子数只能是 0 或 1。因此,在温度为绝对零度时,电子气体将存在有限的能量!这个能量与热量无关。气体的这个内能源自泡利不相容原理,如图 5.3 所示。

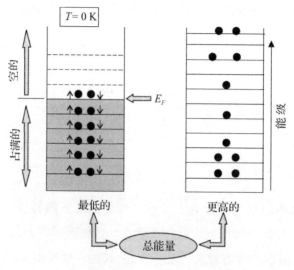

图 5.3 简并电子气体

注:在费米—狄拉克统计中,即使温度是绝对零度,电子气体仍然具有有限能量。由泡利不相容原理的思想(根据该原理,在一个给定的量子态中只能有一个电子)可知,此时电子气体具有能量。因此,任意态中包含的电子数只能是 0 或 1。原则上,如图的右边所示,电子可以像那样填充能级。但是,这不是绝对零度所要求的最低总能量的组态。左边的排列是在每个能级上摆放自旋方向相反的两个电子,这显然是最低能量的组态。所有态都被完全占满时的最高能量被称为费米能量。

64 　　明白了这个,让我们问个问题,电子将如何分布在这些能级中?图 5.3 展示了这个分布。此处,基本的原则是电子将以总能量最小的方式来分布。左图显示的是最低总能量的组态。我们要做的第一件事就是尽可能地探究事实,实际上,在每个态中放两个电子,只要它们有相反的自旋,这就不违反泡利的规则。因此,从最低的能级开始，我们在每个态中放两个电子，直到把电子都放完。所有能级都被充满时的最大能量值很明显是由气体中的电子总数来决定的。所有被考虑的能级都被占满而且之上的能级都是空的，此时最大的能量值被称为费米能量 E_F。图 5.4 是 $T = 0$ K 时所绘制的费米分布函数。自己证明一下，绝对零度时，填充概率函数 $f(E)$ 对 $E < E_F$ 的所有态都是归一的，对 $E > E_F$ 的所有态取值都是零。

现在让我们推导出体积 V 中的 N 个电子的简并气体的费米动量和费米能量的表达式。

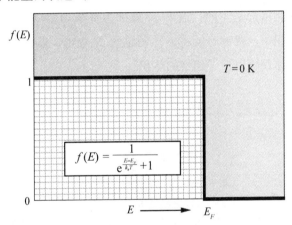

图 5.4　$T = 0$ K 时的费米—狄拉克分布图

注：对一直到费米能量 E_F 的所有能量来说，填充概率是归一的，而对更高的能量来说，该概率为零。

费米动量

回到动量空间并确定所谓的费米动量 p_F 是很方便的，费米动量与费米能量 E_F 之间的关系是：$E_F = \dfrac{p_F^2}{2m}$。

让我们从原点位置开始谈相格吧，见图 5.5。把自旋方向相反的两个电子放在该相格里面。然后，让我们在所有方向上往外系统性地在每个相格中放入两个电子。显然，到某个阶段电子将被放完。设 p_F 为球体的半径，球面就是整个已使用的相格的外边界。大家可能会想，你怎么能用堆积立方体的方式来获得一个球体！是的，如果立方体的数目是非常多的，或者如果立方体是很小的，那么通过堆积立方体将以非常好的精度近似得到一个球体。

66

球体的半径为 p_F，它里面的所有相格都被电子占满了，而外面的所有相格都是空的，这个 p_F 被称为费米动量（见图 5.5）。给定一个体积 V，费米动量就由粒子总数 N 决定。球体内相格的数目等于球体积除以量子相格的体积。

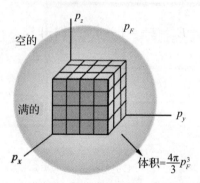

图 5.5　费米动量

注：给定 N 个电子，在相空间中把它们填充到相格中的方法是，从原点位置的相格开始逐步向外填。在每个相格中填两个电子，直到所有电子都填完。填满的相格组成的这个球的半径被称为费米动量 p_F。p_F 的物理意义在于它是电子的最高动量。从式（5.7）和（5.8）可以看出，费米动量正比于电子密度的 $\frac{1}{3}$ 次方。

$$充满的相格的数目 = \frac{4\pi p_F^3}{h^3/V}。$$

(见图 4.7)因为我们在每个相格里放两个电子，所以有

$$N = 2 \times \text{充满的相格的数目} = \frac{2V}{h^3}\left(\frac{4\pi}{3}p_F^3\right)。 \tag{5.7}$$

化简公式(5.7)就得到费米动量：

$$p_F = \left(\frac{3}{8\pi}\right)^{\frac{1}{3}} h\left(\frac{N}{V}\right)^{\frac{1}{3}}。 \tag{5.8}$$

67

因此，费米动量与电子数密度的 $\frac{1}{3}$ 次方成正比：

$$p_F \propto \left(\frac{N}{V}\right)^{\frac{1}{3}}。 \tag{5.9}$$

费米能量

现在可以很容易地确定费米能量了。利用式(5.8)，我们得到：

$$E_F = \frac{p_F^2}{2m} = \left(\frac{3}{8\pi}\right)^{\frac{2}{3}}\frac{h^2}{2m}\left(\frac{N}{V}\right)^{\frac{2}{3}}, \tag{5.10}$$

$$E_F = \frac{p_F^2}{2m} \propto \left(\frac{N}{V}\right)^{\frac{2}{3}}。 \tag{5.11}$$

上面的结果非常重要。见图 5.3。费米能量是绝对零度时电子的最大能量。达到这个值时，所有的能级都是被充满的。因此，如果我们想要在盒子里再增加一个电子，那么只有在它的能量至少是 E_F 时才可以这么做。在式(5.1)中，我们引入了化学势 μ 这个概念，它是在系统中增加一个粒子需要的能量。现在我们看到，绝对零度时费米气体的化学势与费米能量是一致的。

$$\mu = E_F。 \tag{5.12}$$

式(5.9)及(5.11)的重要特征如图 5.6 所示。给定电子总数，如果减小体积，那么费米动量和费米能量将增加（$p_F \propto n^{\frac{1}{3}}$，$E_F \propto n^{\frac{2}{3}}$，$n = \frac{N}{V}$）。让我们试着通过测不准原理来理解这一点。大家记

得我们在第 4 章"统计力学原理"中讨论过，动量空间的离散性是测不准原理的一个直接结果。相空间中基本相格的长度、宽度和高度是由动量的三个分量的不确定度决定的；相应地，不确定度又是由盒子的大小（$\Delta p_x \sim h/L$，…）决定的。因此，量子相格的动量体积由下式给出：

$$量子相格的动量体积 = \left(\frac{h}{L}\right)^3 = \frac{h^3}{V}。$$

68　（见图 4.9）所以，很容易看出在图 5.6 中为什么费米球的尺寸会随体积的减小而增大。费米能量的增加是这个的直接结果。

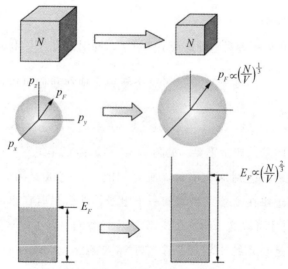

图 5.6　费米动量、费米能量与电子气体密度的关系

注：随着电子气体密度的增加，费米动量和费米能量也增加。从方程（5.18）可以看出绝对零度时电子的平均能量为 $\frac{3}{5}E_F$。因此，总能量等于平均能量乘电子总数，它也是随着密度的增加而增加的。结果是，人们只有凭借给电子气体巨大的能量，才可以压缩它。因为这种能量是泡利不相容原理的必然结果，它代表了基态能量，所以电子气体的能量不能少于它！

简并电子气体的基态能量

从上面的讨论可以清楚地看出，即使温度是绝对零度，电子 *69* 气体仍具有能量。这种能量通常被称为基态能量或零点能量。现在让我们来计算这个能量。

$$E_{总} = \int_0^\infty E f(E) g(E) \, \mathrm{d}E。 \qquad (5.13)$$

大家记得，$f(E)$ 是能量为 E 的态被占用的概率，$g(E)\mathrm{d}E$ 是能量介于 E 和 $E+\mathrm{d}E$ 之间的能级数。用下面的方式观察一下这个方程。想象一下你拥有一座摩天大厦，房间的租金会随着楼层的增加而增加，原因就是视野会更好些。你从这个大厦收取的总租金就是每层租金的总和。每一层的租金就等于：该层每间房的租金乘房间被占用的概率，再乘该层的房间数量！要计算气体的总能量，式 (5.13) 准确地表达了这个意思。现在我们可以使用方程 (5.5) 来估算总能量。

$$E_{总} = \frac{V 8\pi \sqrt{2m^3}}{h^3} \int_0^\infty E \frac{1}{\mathrm{e}^{(E-\mu)/k_B T}+1} \sqrt{E} \, \mathrm{d}E。 \qquad (5.14)$$

在绝对零度，能量 $E < E_F$ 时，占用率为 100%；能量 $E > E_F$ 时，占用率为 0（见图 5.4）。因此，方程 (5.14) 的积分上限可用 E_F 来代替。因此，

$$E_{总} = \frac{V 8\pi \sqrt{2m^3}}{h^3} \int_0^{E_F} E^{\frac{3}{2}} \, \mathrm{d}E。 \qquad (5.15)$$

对上述方程积分，我们得到

$$E_{总} = \frac{V 8\pi \sqrt{2m^3}}{h^3} \frac{2}{5} E_F^{\frac{5}{2}}。 \qquad (5.16)$$

现在让我们把 E_F 的表达式 (5.10) 代入。经过一些简化，可以得到

$$E_{\text{总}} = \frac{3}{10} \left(\frac{3}{8\pi} \right)^{\frac{2}{3}} \frac{h^2}{m} \left(\frac{N}{V} \right)^{\frac{2}{3}} N = V \frac{3}{10} \left(\frac{3}{8\pi} \right)^{\frac{2}{3}} \frac{h^2}{m} \left(\frac{N}{V} \right)^{\frac{5}{3}} \text{。} \quad (5.17)$$

70　　根据 $T = 0$ K 时每个粒子的平均能量来记这一结果会更有用：

$$\text{平均能量} = \langle E \rangle = \frac{E_{\text{总}}}{N} = \frac{3}{5} E_F \text{。} \quad (5.18)$$

这是一个非常重要的结果。

1. 在经典统计力学中，粒子的平均能量为 $\frac{3}{2} k_B T$。在绝对零度时，这些粒子没有能量。

2. 但在费米—狄拉克统计力学中，粒子的平均能量为 $\frac{3}{5} E_F$。

3. 电子气体越密，平均能量越大，这是因为 $E_F \propto n^{\frac{2}{3}}$。

简并压强

在经典统计力学中，理想气体的压强与其温度有关。根据波义耳定律，$p_G = n k_B T$。显然，当温度趋近于绝对零度时，该压强也趋向于零。现在让我们来计算在绝对零度时简并电子气体的压强。我们希望即使在绝对零度，它还有一个非零的压强，这是因为它有内部能量。根据热动力学，压强与内能有关，其关系式为：

$$p_G = \frac{2}{3} \frac{E_{\text{int}}}{V} \text{。} \quad (5.19)$$

如果大家对这个结果不熟悉，那让我们使用这个关系来推导波义耳定律。理想经典气体的总内能由下式给出：

$$E_{\text{int}} = N \times \text{粒子的平均能量} = N \times \frac{3}{2} k_B T \text{。}$$

因此，$\frac{2}{3} \frac{E_{\text{int}}}{V} = n k_B T$，这是根据波义耳定律给出的压强表达式。

从方程(5.17)中我们可以得到简并电子气体的压强。使用右边的第二个表达式，我们得到

$$P_{简并} = \frac{2}{3}\frac{E_{总}}{V} = \frac{1}{5}\left(\frac{3}{8\pi}\right)^{\frac{2}{3}}\frac{h^2}{m}\left(\frac{N}{V}\right)^{\frac{5}{3}} \propto \left(\frac{N}{V}\right)^{\frac{5}{3}}。 \qquad (5.20)$$

注意上述表达式给出的费米气体压强的一些重要特征。

1. 即便在绝对零度，费米气体也存在非零压强。

2. 简并压强 $\propto n^{\frac{5}{3}}$。

3. 费米子的质量出现在式(5.20)的分母上。由于质子(或中子)的质量大约是电子的 2 000 倍，尽管中子或质子的数密度可能和电子的相同，但中子气体或质子气体的简并压强约是电子气体的简并压强的 $\frac{1}{2\,000}$。

有限温度下的费米气体

到目前为止，我们已经讨论了在绝对零度时电子气体的性质。我们这样做的目的是揭示经典统计力学和量子统计力学的本质区别。但是，在实际的物理环境中，电子气体会有一个有限温度。考虑像铜这样的金属，它是一个很好的导体，这是因为它有很多不依附于单个原子核的自由电子。当我们把铜原子结合在一起，它们最外层的电子就变得不被束缚了。这些电子可以在整个金属体中自由地游走。因此，对于电子气体，我们是用费米—狄拉克分布，还是用玻尔兹曼分布来描述它们呢？

为了回答这个问题，让我们加热电子气体，来给绝对零度时的费米分布一个干扰，如图 5.7 所示。当温度足够接近绝对零度时，我们已经给出的强简并费米气体的描述，可以被当作一个很好的近似。该描述被应用到有限温度时的条件就是要求热能 k_BT

与费米能量 E_F 相比很小：

$$k_B T \ll E_F。 \tag{5.21}$$

72　　　让我们讨论一下当温度为室温约 300 K 时铜中的自由电子气体。可采用式(5.10)计算电子的费米能量。

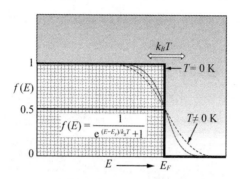

图 5.7　有限温度下的费米—狄拉克分布

注：由于 $k_B T \ll E_F$，只需稍微修改零温度时的分布(见图 5.4)。费米能量之下的一些电子移动到更高的能量上，概率分布就有了一个尾巴，其宽度大约是 $k_B T$。在 $k_B T$ 这个深度下面，电子分布保持不变，原因是在这个深度以下，热能不足以改变该分布。当 $k_B T \gg E_F$ 时，该尾巴就会充分扩展，我们就重新得到了玻耳兹曼分布。

通过简单的计算可得出 E_F 大约是多少电子伏特。现在，如以温度为单位，1 eV 大约就等于 10^4 K，也就是，

$$\frac{1 \text{ eV}}{k_B} \approx 10^4 \text{ K}。$$

显然，热能 $k_B T$ 比费米能量 E_F 小得多。因此，铜中的电子气体在室温下应被视为强烈地简并。

当我们增加气体的温度，费米分布会出现一个宽度大约为 $k_B T$ 的尾巴(见图 5.7)。一些原本低于费米能量的电子会溢出。由于 $k_B T \ll E_F$，只有能量已经接近费米能量的电子才会溢出。随着温度

的进一步升高，费米分布的尾巴变得更加明显。通过关系式 $k_B T_0 \cong$ E_F 确定的温度，通常被称为简并温度。这大约是量子效应开始变得重要的温度。注意，这不是一个固定的温度。因为费米能量取决于电子密度，所以它也取决于电子密度。

当 $T \gg T_0$ 时，费米分布变换成大家熟悉的玻尔兹曼分布。这是因为，在稀薄的气体中，在足够高的温度下，泡利不相容原理是不可能有任何可观测的结果的。

现在，我们可以去讨论福勒提出的解决爱丁顿悖论(关于天狼星的伴星)的具有重要历史意义的方案了。

第6章　量子星

福勒拯救了白矮星

　　现在让我们接着第 3 章"白矮星"的结尾来讲。我们讨论了天狼星的奇怪伴星，这颗星的平均密度大约是太阳的一百万倍。大家会记得，爱丁顿曾担心当它们的亚原子能量供给失败时，这样的超致密恒星会发生什么事情。他曾有一句名言："为了能冷却，恒星将需要能量。"如图 6.1 所示，拉尔夫·霍华德·福勒爵士是爱丁顿的同事，是剑桥大学的理论物理教授。他针对爱丁顿悖论如是说："恒星物质辐射出如此多的能量，以至于它的能量比正常原子中的同样物质在绝对零度时膨胀所具有的能量还要少。如果把它的一部分从恒星上移除，并且让压强消失，那将会发生什么呢？"

图 6.1　拉尔夫·霍华德·福勒爵士

　　我们在第 3 章讨论过，如果压力被释放，只有当每单位体积内的动能大于每单位体积内的静电吸引能时，恒星物质才会保持其作为正常原子集合的初始状态。我们的结论是，只有下式成立，这个条件才能得到满足，

$$\rho < \left(\frac{0.94 \times 10^{-3} T}{\mu Z^2} \right)^3 。$$

　　在白矮星内部那样的密度和温度下，每单位体积内的动能实际上是小于静电能的：

$$E_K（理想气体）< E_V。$$

　　因此，这些物质将无法恢复至普通原子的集合状态，而且，当这颗恒星的能源供给失败时，正如爱丁顿担心的那样，它将处于一个尴尬的困境中。当然，这是假设恒星物质是理想气体。

　　1926 年福勒利用当时热门的费米—狄拉克统计力学解决了这个悖论。福勒的这篇论文是有关恒星结构与恒星演化理论发展的重大里程碑之一。同样值得注意的是福勒吸取了相关研究的新的成果并应用它们来解决上述矛盾。当狄拉克推导统计分布，也就是我们在第 5 章“费米—狄拉克分布”中介绍的分布时，他还是福勒的一个学生。1926 年 8 月 26 日福勒把狄拉克的论文投给了英国皇家学会。11 月 3 日，福勒把自己的一篇论文也投给了皇家学会，其中他对全同粒子的集合采用了新的统计方法来分析，换句话说，这是我们在第 5 章中重点描述的那些事。12 月 10 日，福勒向英国皇家天文学会提交了一篇题为“致密物质”（“Dense Matter”）的论文。在这篇具有重大历史意义的论文中，福勒注意到了如下事实：物质中的电子气体如果像天狼星的伴星中的那样致密，那么它就必须简并（就正如我们在上一章中所解释的那样）。

　　因此，福勒是应用最新的费米—狄拉克统计力学的第一人。

此外，新量子力学原理的第一个应用是用在恒星上的！不久之后，泡利利用费米—狄拉克统计解释了碱金属的顺磁性。紧接着，伟大的德国物理学家阿诺德·索末菲（Arnold Sommerfeld）发表了一篇经典论文。在该篇论文中，他发展了著名的"金属的自由电子理论"。[索末菲是一位伟大的导师，他吸引了许多才华横溢的年轻人。从那时起，他的学生有：沃尔夫冈·泡利、皮特·德拜（Peter Debye）、沃纳·海森堡、格雷戈·文策尔（Gregor Wenzel）、汉斯·贝特、鲁道夫·皮尔斯（Rudolf Peierls），等等！在科学史上这个名单是无与伦比的。]福勒解决了爱丁顿悖论，他用的方法很简单：因为在白矮星那样的密度和温度下电子会简并，单位体积中的动能 E_K 应该利用费米—狄拉克统计来估算，而不是利用波义耳定律来估算。他认为当 E_K 是这样估算时，它确实比 E_V 大很多。

$$E_K（费米—狄拉克统计）\gg E_V。$$

所以，如果让压强消失，就可以假设恒星物质就是正常原子的原始状态。不用担心白矮星！当它们的热量供给耗尽时，泡利不相容原理和费米—狄拉克统计将确保它们会寿终正寝。

钱德拉塞卡登场

1928 年是印度科学史上具有重大历史意义的一年。那年的二月，拉曼（C. V. Raman）和他的学生克里希纳（K. S. Krishnan）发现了一个重要效应，这个效应后来被称为拉曼效应。拉曼的侄子苏布拉马尼扬·钱德拉塞卡（如图 6.2 所示）是当时印度马德拉斯（现在叫金奈）总统学院一年级的理学学士荣誉学生。那年夏天，在完成了第一年的学业后，钱德拉塞卡（他后来闻名世界时，大家也称呼他钱德拉）到加尔各答印度科学促进会访问拉曼和其年轻的学生们。

那个地方充满了魔力，拉曼非常欣喜。人们期望拉曼被授予诺贝尔奖，以表彰他的这一重要发现。1930 年，梦想成真，拉曼被授予了诺贝尔物理学奖。年轻的钱德拉塞卡在那样的环境中一定深受鼓舞。

在 1928 年的秋天，阿诺德·索末菲访问马德拉斯，并在总统学院做了讲座。钱德拉塞卡极为兴奋，不仅因为索末菲是世界上最伟大的物理学家之一，而且也因为他读过索末菲的书《原子结构和谱线》(*Atomic Structure and Spectral Lines*)。他约好了去酒店见索末菲。正是因为这次对话，钱德拉塞卡知道了在物理学中发生的伟大的变革：薛定谔发现了波动力学，海森堡、狄拉克、泡利等人的研究工作的新进展。索末菲还谈到了统计力学中由费米和狄拉克的研究工作带来的新进展。事实上，他给了钱德拉塞卡一份他未发表的论文，其题目为"金属的自由电子理论"("The Free Electron Theory of Metals")。

与索末菲的这次会面对于钱德拉塞卡变成一个物理学家来说至关重要。他仔细研读了索末菲给他的这篇论文。这篇论文是德文写的，但这难不住钱德拉塞卡，因为跟当时最认真的物理学学生一样，钱德拉塞卡是精通德语的。由此他了解了费米和狄拉克的新统计力学。他沉浸在大学图书馆中，疯狂地了解物理学中的新进展。在这个过程中还有其他的一些事情发生，比如，他读到了福勒写的论文，这点我们前面已经提及。在几个月中，他写了一篇题为"康普顿散射和新统计力学"("Compton Scattering and the New Statistics")的论文。写完这篇论文后，他大胆地把它寄给了剑桥大学的福勒教授，请求他向皇家学会投稿！福勒对这篇论文印象非常深刻，他把它发表在《英国皇家学会会刊》(*Proceeding of the Royal Society*）上。钱德拉塞卡当时只有十八岁！

图 6.2　苏布拉马尼扬·钱德拉塞卡

钱德拉塞卡的白矮星理论

78　　　钱德拉塞卡并没有满足于自己的荣誉，并没有因此止步。他受福勒关于致密星论文的启发，继续构造有关白矮星的合适的理论。他曾经读过爱丁顿的著作《恒星内部结构》（*The Internal Constitution of the Stars*），并掌握了所需要的所有的数学方法。现在让我们来讨论一下他所取得的主要的新成果。

　　由于钱德拉塞卡的出发点是福勒的著名的论文，让我们简要地回忆一下福勒曾经给他的建议。福勒具有先见之明的建议的精髓如图 6.3 所示。

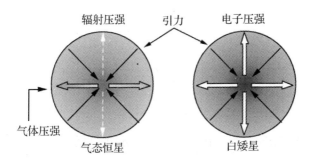

图 **6.3** 白矮星和普通恒星

注：像太阳一样辐射的恒星，由于引力导致的向内的拉力，与理想气体压强和辐射压强的合力相平衡。气体压强取决于密度和温度，而辐射压强仅取决于温度。气体压强和辐射压强的相对比例取决于恒星的质量，在质量更大的恒星中辐射压强变得越来越重要。福勒的绝妙想法是，白矮星中引力与由于泡利不相容原理引起的电子压强相平衡。由于即使在绝对零度时，该压强依然存在，所以即使在绝对零度时，白矮星也能保持稳定！

大家记得，在爱丁顿的理论中恒星物质被假定为理想气体。方向向内的引力与气体压强和辐射压强的合力相平衡。福勒的想法是，在高密度的恒星中，如白矮星，引力与电子的简并压强相平衡。

钱德拉塞卡着手做的一件事就是要得到白矮星的质量和半径之间的关系。为了推导质量—半径关系，必须对流体静力学平衡方程进行积分，同时引入一个假定的状态方程（压强和密度两者的关系式）。我们在第 1 章"恒星是什么？"中讨论过这个方程，让我们再次把它写出来：

$$\frac{\mathrm{d}P}{\mathrm{d}r} = -\frac{GM(r)\rho(r)}{r^2} \circ \tag{6.1}$$

在爱丁顿的理论中，上述方程的左边的压强是气体压强和辐射压强的总和：

$$P = p_G + p_R, \tag{6.2}$$

此处

$$p_G = n k_B T = \frac{\rho k_B T}{\mu m_H}, \tag{6.3}$$

$$p_R = \frac{1}{3} a T^4 。 \tag{6.4}$$

根据福勒的建议，钱德拉塞卡假定在白矮星中与引力相平衡的是电子的简并压强：

$$P_{简并} = \frac{2}{3} \frac{E_总}{V} = \frac{1}{5} \left(\frac{3}{8\pi} \right)^{\frac{2}{3}} \frac{h^2}{m_e} \left(\frac{N}{V} \right)^{\frac{5}{3}} 。 \tag{6.5}$$

79　　这里，N 是体积 V 中的电子数。式(6.3)是根据波义耳定律得出的，把简并压强改写为质量密度 ρ 的函数而不是数密度 $n = \frac{N}{V}$ 的函数，会更有用些。

　　如果我们正在处理的是质子气体，那么 $\rho = n_p m_p$，其中 n_p 是质子数密度，m_p 是质子的质量。另外，如果气体是电离氢，那么电子和质子的数目将相等，即 $n_e = n_p$。但是与质子的质量相比，电子的质量可以忽略不计。因此，当我们把电子数密度转化为质量密度时，我们应该牢记这一点。由于质量本质上是由质子数决定的，所以 $\rho = n_p m_p$。然而，由于 $n_e = n_p$，就会得到 $\rho = n_p m_p = n_e m_p$，或 $n_e = \rho / m_p$。

80　　如果气体是氢、氦、碳等元素的混合物，那么事情会稍微复杂一些。例如，每一个氦原子将给恒星等离子体贡献两个电子和四个核子(中子和质子)。因此，电子的数密度将是核子数密度的一半：

$$n_e = \frac{1}{2}(n_n + n_p) = \frac{1}{2} n_{核子} 。 \tag{6.6}$$

上式中右边同时乘和除以 m_p，我们得到

$$n_e = \frac{n_{核子} m_p}{2 m_p} = \frac{\rho}{2 m_p} \, 。 \tag{6.7}$$

让我们考虑一些其他的重元素(A,Z)，其中A是核子数，Z是电子数。在这种情况下，

$$\frac{n_e}{n_{核子}} = \frac{Z}{A} \, 。$$

因此，式(6.7)可以写成更一般的形式：

$$n_e = \frac{Z}{A} n_{核子} = \frac{Z}{A} \cdot \frac{n_{核子} m_p}{m_P} = \frac{\rho}{\frac{A}{Z} m_p} \simeq \frac{\rho}{2 m_p} \, 。 \tag{6.8}$$

大家注意到在式(6.8)中，我们已经用$\frac{A}{Z}$取代了分母中的2。如果回想一下著名的元素周期表，大家会发现，除了氢，对于其他所有元素来说，原子核内的质子数非常接近于中子数。换句话说，对所有元素(除了氢)，$\frac{A}{Z} \approx 2$。在现实中，不会有纯氢、纯氦、纯碳或纯氧，等等，总是各种元素的混合。因此，我们引入了每个电子的平均分子量这个概念，即μ_e。可以把式(6.8)写成广义形式：

$$\boxed{n_e = \frac{\rho}{\mu_e m_p} \, 。} \tag{6.9}$$

很有趣的是，只要没有氢，不管元素的相对丰度，总有$\mu_e \approx 2$。我们将会在后面几章中看到，当一颗恒星以白矮星的形式结束其一生的时候，它会耗尽中心所有的氢。正是这个中心最后变成了白矮星。因此，$\mu_e \approx 2$是一个很好的假设。不要因平均分子量这个术语而感到困惑。这是一个误称！从式(6.9)中可以清楚地看出$\mu_e m_p$是每个粒子的平均质量。总结以上的讨论，我们想把电子数密度转化成质量密度，方法如下：

$$n_e = \frac{\rho}{2m_p}\text{。}$$

81　　跑题说了这些之后，让我们回到式(6.5)并根据质量密度来改写电子简并压强：

$$P_{\text{简并}} = K_1 \rho^{\frac{5}{3}},\tag{6.10}$$

此处

$$K_1 = \frac{1}{5}\left(\frac{3}{8\pi}\right)^{\frac{2}{3}}\frac{h^2}{m_e}\frac{1}{(\mu_e m_p)^{\frac{5}{3}}}\text{。}\tag{6.11}$$

质量—半径关系

为了给出某个特定质量的白矮星模型，我们需要求解流体静力学平衡方程(6.2)，并辅之以状态方程(6.10)：

$$\frac{dP}{dr} = -\frac{GM(r)\rho(r)}{r^2},$$

$$P_{\text{简并}} = K_1 \rho^{\frac{5}{3}}\text{。}$$

与爱丁顿解决的难题相比，这是一个很容易的问题。考虑气态恒星，总压强是密度和温度的函数，见方程(6.3)及(6.4)。因此，在恒星内部，密度梯度和温度梯度是相互关联的。在白矮星这种情况下，简并压强仅为密度的函数。严格地说，只有在绝对零度时，这是对的。大家可能会说天狼星的伴星是一颗非常热的恒星。这是对的！但是正如我在第5章"费米—狄拉克分布"中所讨论的，在白矮星的那种温度和密度下，$k_B T \ll E_F$，而且白矮星的零温度近似是一个非常好的假设。

当压强与密度有如下关系时，我们可以用一种巧妙的数学手段来求解式(6.2)这类方程：

$$P = K\rho^{1+\frac{1}{n}}。 \tag{6.12}$$

这样的状态方程是指数为 n 的多方球模型。我们上面讨论的 *82* 情形是 $n = \frac{3}{2}$。采用这种标准化方法，钱德拉塞卡推导出白矮星的半径和质量之间有如下关系：

$$R = \frac{K_1}{0.424G}\frac{1}{M^{\frac{1}{3}}}, \tag{6.13}$$

$$R \propto M^{-\frac{1}{3}}。$$

在式(6.13)中，K_1 为常数，由式(6.11)来定义，G 是牛顿引力常数。式(6.13)是白矮星的著名的质量—半径关系，是由钱德拉塞卡在 1929 年推导出来的，白矮星的半径与质量的立方根成反比。图 6.4 显示了它们之间的关系。

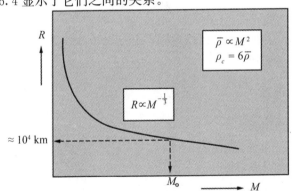

图 6.4　白矮星的质量—半径关系

注：1929 年钱德拉塞卡推导出了白矮星的质量—半径关系。白矮星的半径与质量的立方根成反比。这与行星及地球上的物质等形成了鲜明的对比，它们随着质量的增加，半径会增加。与太阳质量相当的一颗白矮星，其半径大约等于地球的半径！记住，太阳的半径大约是一百万千米。因此，对于一个与太阳质量相当的白矮星来说，其平均密度大约是每立方厘米一百万克。

现在让我们尝试用一个富有启发性的推导来得到它。我们要求解的方程是：

$$\frac{dP}{dr} = -\frac{GM(r)\rho(r)}{r^2}。$$

让我们用差值来代替微分：

$$\frac{dP}{dr} \approx \frac{P(r) - P_{表面}}{R} = \frac{P}{R}。$$

在此，R 是恒星的半径。记住，表面压强是零。有了这种近似，流体静力学平衡方程可写为：

$$\frac{P}{R} \propto \frac{M\rho}{R^2}。 \tag{6.14}$$

（在下面的简单讨论中，我们将不再展示基本常数、数值常量等。）现在让我们使用状态方程

$$P \propto \rho^{\frac{5}{3}},$$

而且 $\rho \propto \dfrac{M}{R^3}$。进行了这些代换后，由方程（6.14）可得

$$\frac{1}{R}\left(\frac{M}{R^3}\right)^{\frac{5}{3}} \propto \frac{M}{R^2}\frac{M}{R^3},$$

$$\frac{M^{\frac{5}{3}}}{R^6} \propto \frac{M^2}{R^5}。$$

简化后，我们得到：

$$\boxed{R \propto M^{-\frac{1}{3}}。} \tag{6.15}$$

83　　　所以，这个简单的练习给出了钱德拉塞卡得出的著名的结果！但是，我们得到的是一种被称为比例关系的结果；它可以告诉我们半径是如何依赖于质量的。我们的简单处理不能给出方程（6.15）中比例常数的值。钱德拉塞卡的结果式（6.13），能够给出

比例常数的值！让我们将这些常量代入数值，同时也代入式(6.11)中的 K_1，并对方程(6.13)的两边取对数，从而重写他得到的结果：

$$\log_{10}\left(\frac{R}{R_\odot}\right) = -\frac{1}{3}\log_{10}\left(\frac{M}{M_\odot}\right) - \frac{5}{3}\log_{10}\mu_e - 1.397。 \quad (6.16)$$

对质量等于太阳质量且 $\mu_e=2$ 的天体，式(6.16)预测 $R=1.26\times10^{-2}R_\odot$（约 10 000 km），平均密度为 7×10^5 g/cm³。这些值正是在白矮星中发现的半径和平均密度的量级，正如天狼星的伴星那样。我相信大家对图 6.3 中的一个重要细节会很感兴趣。根据我们的经验，随着质量的增加，物体的尺寸也会随之增大。而白矮星的情况则完全相反！大家仔细琢磨琢磨吧。

84

除了质量—半径关系，钱德拉塞卡依据他的理论还推导出了另外两个重要的结果，这里我们一并总结如下。

1. 白矮星的半径与质量的立方根成反比。

2. 白矮星的平均密度与质量的平方成正比。

3. 白矮星的中心密度是其平均密度的六倍。

在继续往下讲之前，我们应该问几个问题。福勒和钱德拉塞卡只考虑电子的压强究竟是为什么？毕竟，恒星的等离子体由相等数量的质子和大约相等数量的中子组成。由于中子和质子是费米子，它们也服从费米—狄拉克统计。难道我们不应考虑核子的简并压强吗？这应该是困扰大家的，因为经典气体服从波义耳定律，如果它们的数量密度是相同的，那么所有种类的粒子对压强有同等的贡献。这是因为根据能量均分定理，无论粒子的质量大小，其平均能量为 $\frac{3}{2}k_BT$；质子或中子与电子一样，具有相同的平均能量（当然，它们的速度是不同的）。因此，所有种类的粒子对内能和压强的贡献是相同的。

　　但是，对于简并气体来说，情况就不是这样了。如果大家回想一下我们从现成参考资料中转载的式(5.20)，大家会看到粒子的质量出现在了简并压强表达式的分母中。

$$P_{简并}=\frac{2}{3}\frac{E_{总}}{V}=\frac{1}{5}\left(\frac{3}{8\pi}\right)^{\frac{2}{3}}\frac{h^2}{m}\left(\frac{N}{V}\right)^{\frac{5}{3}}。$$

　　因此，即使数密度是相同的，中子和质子的简并压强大约是电子的$\frac{1}{2\,000}$。

　　除此以外，我们不应该假定核子一定是由量子统计来描述的。大家还记得我们在第 5 章讨论过，费米气体被视为简并的条件是热能 k_BT 相比于费米能量 E_F 是非常小的：

$$k_BT\ll E_F。$$

当电子气体满足这个条件时，对核子而言这个不等式可能不成立。这是因为粒子的质量出现在了费米能量表达式(5.10)的分母中：

$$E_F=\frac{p_F^2}{2m}=\left(\frac{3}{8\pi}\right)^{\frac{2}{3}}\frac{h^2}{2m}\left(\frac{N}{V}\right)^{\frac{2}{3}}。$$

　　因此，可能有这样一种情况

$$k_BT\ll E_F(电子)\rightarrow 简并电子，$$

但是，　　　　　$$k_BT\approx E_F(核子)\rightarrow 非简并核子。$$

　　所以底线是：在白矮星中只有电子是完全简并的。在白矮星中，正是电子的简并压力与引力相平衡。质子和中子扮演的是无声的观众。它们施加的压力只是它们在白矮星的温度下进行正常热运动的结果。与电子施加的压力相比，这个压力是可以忽略不计的。

所有恒星最终都会寿终正寝

　　质量—半径关系式(6.13)预测了所有恒星的有限平衡配置。

因此，所有恒星都会如白矮星一样，最终会寿终正寝。爱丁顿应该会发现"所有恒星都将有必要的能量来冷却"，这会让人感到安慰。

大家可能认为这里面有疑点。毕竟，气态恒星能稳定地存在数百万年或数亿年。但是，当它们的能量供给耗尽时，它们就陷入了麻烦中。我们怎能确定类似的命运不会出现在白矮星上呢？如果白矮星的内能被辐射尽了呢？如果是这样的话，白矮星也将命中注定地消亡。但这不可能也不会发生！这就像一个年轻人从其富裕的叔叔那儿继承了一笔巨额财富，但这笔钱由一个信托人来掌管，在他达到一定年龄前是不能碰它的！同样，虽然白矮星的内部能量多得令人难以置信，但它不能用它，它将被信托者永远持有。福勒在他1926年的那篇具有重要历史性意义的论文中清楚地阐明了这件事。

白矮星物质最好被比作处于最低量子态的单个巨大分子。根据费米—狄拉克统计，凭借着其拥有的巨大能量，有且只有一种途径可以让它拥有这样的高密度。但是这个能量不再像正常原子或分子的能量那样被消耗掉。白矮星物质与正常分子之间的唯一区别是，分子可以在自由状态下存在，而白矮星物质只有在很大的外部压力下才存在。

阐述是如此的精彩！我希望大家能明白福勒的推理。正如我们在前一章中所强调的，电子气体所拥有的巨大能量是零点能或基态能量。这就像氢原子中 $n=1$ 能级上的电子的能量。虽然电子具有 13.6 eV 的能量，但是它不能用它，因为没有允许的更低的能

86

级。同样，一个完全简并的电子气体在不违反泡利不相容原理的情况下，将无法再降低其能量，如图 6.5 所示。确实，它不能这样做。所以我们可以说，白矮星是永存的！

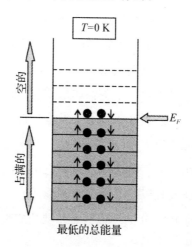

图 6.5　简并电子气体的基态，这是最低的能量配置

第7章 钱德拉塞卡极限

相对论性星

1930 年年初钱德拉塞卡整理了他的研究结果，并写了一篇论
文。那时，他还是印度马德拉斯总统学院的一名大学生。当他获
得了学士学位后，他也获得了印度政府奖学金，随即便前往英国
留学，师从剑桥大学的福勒教授。在 1930 年 7 月 31 日，他从孟买
乘船出发。在航行中，他又开始思考物理问题。他又重新阅读了
已经写好的那篇论文，开始想是否他的理论对所有质量的白矮星
都可以给出一个很好的描述。在这一刹那，他脑子里闪过这个问
题的原因如下。

大家曾记得，费米动量随着密度的增加而增加：

$$p_F = \left(\frac{3}{8\pi}\right)^{\frac{1}{3}} h \left(\frac{N}{V}\right)^{\frac{1}{3}} \propto n^{\frac{1}{3}} 。 \qquad (7.1)$$

根据钱德拉塞卡的理论，白矮星的平均密度与质量的平方成
正比，其中心密度是平均密度的六倍(见图 6.4)。钱德拉塞卡估
计，即便是一个与太阳质量相当的白矮星，中心密度也是如此的
大，以至于费米动量与 mc 相差不大，

$$p_F \sim mc 。$$

换句话说，费米球表面的电子(见图 7.1)的速度将接近光速。
这意味着在获得状态方程(根据密度得到的压强的表达式)时，必
须考虑爱因斯坦的狭义相对论所预言的质量随速度的变化。显然，
这种效果在质量大于太阳质量的白矮星中会更加明显。钱德拉塞

卡决定得出完全相对论性电子气体的状态方程，其中所有粒子，而不只是那些靠近恒星中心的粒子，具有接近光速的速度，即对于所有粒子，$p \approx mc$。他接着重新计算了质量—半径关系。在告诉大家他发现了什么之前，让我们回忆一下用狭义相对论预测的质量随速度的变化情况。

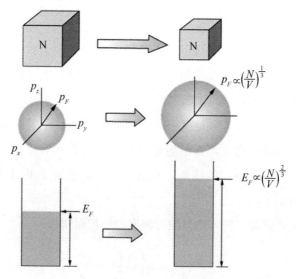

图 7.1　费米动量、费米能量和费米子密度的关系

　　注：从图 5.6 的这张复制图可以看出，当费米子的密度增大时，最大的动量 p_F 随着 $n^{\frac{1}{3}}$ 增加。最大的能量 E_F 随着 $n^{\frac{2}{3}}$ 而增加。当密度变得足够大的时候，就像在白矮星的中心附近，最大的动量就变得与 mc 相当了。因此，在确定简并压的时候，必须考虑爱因斯坦的狭义相对论预言的质量随着速度的变化。

狭义相对论中质量与能量的关系

　　设 m_0 是静止状态下粒子的质量，即所谓的静止质量。在牛顿力学中，粒子的惯性质量（在方程 $F=ma$ 中力和加速度之间的比例常数）就是 m_0。粒子的质量是独立于速度的。但根据爱因斯坦的理论，惯性质量 m 会随速度变化：

$$m = \frac{m_0}{(1 - v^2/c^2)^{\frac{1}{2}}}。 \qquad (7.2)$$

速度为 v 的粒子的动量 p 由下式给出：

$$p = mv = \frac{m_0 v}{(1 - v^2/c^2)^{\frac{1}{2}}}。 \qquad (7.3)$$

我相信大家知道质量和能量之间的著名的关系：

$$E = mc^2。 \qquad (7.4)$$

这个能量可分为两个部分：相当于静止质量的能量，也被称为静止能量 $m_0 c^2$，以及运动能量 T_{kin}。我们可以把它们写出来，

$$T_{\text{kin}} = (m - m_0)c^2 = m_0 c^2 \left(\frac{1}{\sqrt{1 - v^2/c^2}} - 1 \right)。 \qquad (7.5)$$

现在让我们用一种有用的形式来写出粒子的总能量。

$$E = mc^2 = \frac{m_0 c^2}{(1 - v^2/c^2)^{1/2}}。 \qquad (7.6)$$

惯性质量 m 和动量 p 可以写为

$$m = \frac{E}{c^2}, \quad p = mv = \frac{Ev}{c^2}。 \qquad (7.7)$$

对式(7.6)两边取平方，利用式(7.7)，我们得到

$$E^2 = m_0^2 c^4 + p^2 c^2。 \qquad (7.8)$$

大家可以自己做一下练习，这样就会更确信了，当粒子的速度比光速小很多($\frac{v}{c} \ll 1$)时，式(7.8)将退变为牛顿表达式 $E = \frac{1}{2}mv^2$。上述关系表明，惯性质量可能是一种能量属性而不是每尔格能量所占有的或与它相关联的质量，即 $\frac{1}{c^2}$ 克的质量。质量守恒定律则

完全变成能量守恒的另一种形式。

超相对论性气体的简并压

　　现在让我们推导超相对论性电子气体的压强和密度之间的关系。在超相对论性限制下，电子的动能远远大于其静止质量能量。因此，式(7.8)可以近似写为

$$E \approx pc。 \tag{7.9}$$

严格来说，式(7.9)只有当 $v=c$ 时才有效。对光子气体，$p=\dfrac{h\nu}{c}$，式(7.9)退变为大家熟悉的 $E=h\nu$。

我们将采取在第 5 章"费米—狄拉克分布"中使用的步骤，不同的是现在我们考虑超相对论性气体，$E=pc$ 而不是牛顿表达式中的 $E=\dfrac{p^2}{2m}$；其余的步骤将是相同的。计算压强的第一步是计算在绝对零度时气体的总能量。我们将使用表达式(5.13)来计算总能量：

$$E_{总} = \int_0^\infty E f(E) g(E) dE。$$

在绝对零度时，概率函数 $f(E)$ 在 $E<E_F$ 时是归一的，而当 $E>E_F$ 时 $f(E)$ 为零(见图 5.4)。用 E_F 取代积分上限，我们可以得到

$$E_{总} = \int_0^{E_F} E g(E) dE。 \tag{7.10}$$

在上述表达式中，$g(E)dE$ 是所考虑的能量区间内的能态数目。早些时候，我们在研究动量空间的态密度时得到了这个表达式，$g(p)dp$ 在式(5.4)中为：

$$g(p)dp = \frac{8\pi V}{h^3} p^2 dp，$$

利用动量和能量之间的非相对论关系，即 $E=\dfrac{p^2}{2m}$，可以给出

$$g(E)\mathrm{d}E = \frac{8\pi V}{h^3}\sqrt{2m^3}\sqrt{E}\,\mathrm{d}E_\circ$$

在极端相对论中 $E \neq \dfrac{p^2}{2m}$，但 $E = pc$，我们可以得到

$$g(E)\mathrm{d}E = \frac{8\pi V}{c^3 h^3}E^2\,\mathrm{d}E_\circ \tag{7.11}$$

这个态密度的表达式不同于非相对论表达式，主要表现在两 *91* 个方面。

1. $g(E) \propto E^2$，而不是 $\sqrt{E}$。

2. 粒子的质量并不存在于这个表达式中。

在式 (7.10) 中代入式 (7.11) 并进行积分，我们得到了相对论性电子气体的基态能量：

$$E_{\text{总}} = \frac{2\pi V}{c^3 h^3}E_F^4_\circ \tag{7.12}$$

对相对论性气体来说，由于 $E = pc$，$E_F = p_F c$（而不是 $E_F = \dfrac{p_F^2}{2m}$）。对费米动量，利用式 (5.8)，我们得到

$$E_F = p_F c = \left(\frac{3}{8\pi}\right)^{\frac{1}{3}} hc\left(\frac{N}{V}\right)^{\frac{1}{3}}_\circ \tag{7.13}$$

注意费米能量的这个表达式和较早介绍的式 (5.10) 之间的两个重要的区别。对相对论性气体，

1. $E_F \propto n^{\frac{1}{3}}$ 而不是 $n^{\frac{2}{3}}$。

2. 粒子的质量并不存在于该表达式中，事情本该如此。在极端相对论情况下，粒子的静止质量能量与其动能相比是微不足道的。不同的是，能量只取决于动量，而不是静止质量。

注意一个有趣的事实，无论是在非相对论情形中，还是在相对论情形中，费米动量的表达式 (7.1) 均保持不变。费米动量的意

义在于它是粒子的最大动量,它仅仅由粒子的总数和相空间中相格的大小来决定(见图5.5)。而这两方面都不依赖于粒子的速度。大家会在第8章"恒星的荒诞行为"中看到这一点,它虽然是正确的,但这一结论让钱德拉塞卡陷入了巨大的麻烦中!

把式(7.13)代入式(7.12),我们得到了在绝对零度时的总能量,

$$E_{\text{总}} = V \frac{3}{4} \left(\frac{3}{8\pi} \right)^{\frac{1}{3}} hc \left(\frac{N}{V} \right)^{\frac{4}{3}} \text{。} \tag{7.14}$$

92   相对论性气体的压强与内能的关系是:

$$P = \frac{1}{3} \frac{E_{\text{总}}}{V} \text{。} \tag{7.15}$$

在式(5.19)描述的非相对论的情形中,因子是 $\frac{2}{3}$。有许多方式来理解式(7.15),但我们不会在这里详谈它了。大家是否记得,在空腔中辐射压强也是辐射能量密度的 $\frac{1}{3}$:

$$p_R = \frac{1}{3} a T^4 \text{。}$$

一般性规则如下。如果处理有限静止质量的粒子,那么压强和能量密度前面的因子是 $\frac{2}{3}$。辐射,以及可以被认为在以接近光速的速度穿行的粒子,前面的因子是 $\frac{1}{3}$。合并式(7.14)和(7.15),我们终于获得了相对论性电子气体的压强:

$$P_{\text{rel}} = \frac{1}{3} \frac{E_{\text{总}}}{V} = \frac{1}{8} \left(\frac{3}{\pi} \right)^{\frac{1}{3}} hc n^{\frac{4}{3}} \text{。} \tag{7.16}$$

可用质量密度来表达:

$$P_{\text{rel}} = K_2 \rho^{\frac{4}{3}} \text{。} \tag{7.17}$$

其中，常数 K_2 由下式给出

$$K_2 = \frac{1}{8} \left(\frac{3}{\pi} \right)^{\frac{1}{3}} \frac{hc}{(\mu_e m_p)^{\frac{4}{3}}} \text{。} \tag{7.18}$$

让我们来总结一下。

1. 相对论性气体的压强正比于 $\rho^{\frac{4}{3}}$；在非相对论情形中，它是正比于 $\rho^{\frac{5}{3}}$ 的。

2. 相对论性气体的压强与粒子的质量无关，而非相对论情形并非如此。

上述结果是钱德拉塞卡在他去英国的轮船上首次推导出来的。

钱德拉塞卡的一个惊人发现

在获得了相对论性气体的状态方程后，钱德拉塞卡下一步是建立完全相对论性恒星的模型。该过程与第 6 章"量子星"所讨论的一样。人们必须求解静力平衡方程：

$$\frac{dP}{dr} = -\frac{GM(r)\rho(r)}{r^2} \text{。} \tag{7.19}$$

现在压强由方程(7.17)给出：

$$P_{\text{rel}} = K_2 \rho^{\frac{4}{3}} \text{。}$$

这是针对 $n=3$ 的一个多方状态方程：

$$P = K \rho^{1+\frac{1}{n}} \text{。}$$

钱德拉塞卡知道如何利用数学精确的方法来解决这个问题。他知道，在多方指数 $n=3$ 的情况下，恒星的半径由压强—密度关系式(7.17)的比例常数 K_2 唯一决定。在告诉大家他发现的确切结果之前，正如我们在处理非相对论情况时所做的一样，让我们做一个基本的推导并做好迎接震惊的准备！让我们再一次做如下近似。

$$\frac{dP}{dr} \approx \frac{P(r) - P_{表面}}{R} = \frac{P}{R}。$$

有了这个近似，关于平衡的方程(7.19)可给出

$$\frac{P}{R} \propto \frac{M\rho}{R^2}。$$

现在让我们在上面的方程中用 $P \propto \rho^{\frac{4}{3}}$，$\rho \propto M/R^3$，会得到

$$\frac{1}{R}\left(\frac{M}{R^3}\right)^{\frac{4}{3}} \propto \frac{M}{R^2}\frac{M}{R^3}。$$

简化后，我们得到

$$\boxed{\frac{M^{\frac{4}{3}}}{R^5} \propto \frac{M^2}{R^5}。} \tag{7.20}$$

94　　　这是最令人惊讶和最特别的结果。在非相对论情况下，相同的步骤，使我们得到了恒星的质量和半径之间的关系[见方程(6.14)和方程(6.15)]。然而，方程(7.20)没有给出质量和半径之间的关系。半径实际上从该结果中消失了，因为在上述方程的两侧，半径有相同的指数！唯一留存的变量仍然是质量。

因而根据式(7.20)我们可以得出以下结论：

1. 完全相对论性恒星没有半径。

2. 完全相对论性恒星有唯一的质量。

简单的估算不能给出这个唯一质量的值。由于钱德拉塞卡精确地解出了平衡方程，他推导出了其中具体的值。他得到

$$M = 4\pi\left(\frac{K_2}{\pi G}\right)^{\frac{3}{2}} \times 6.89。$$

将式(7.18)代入上式中替代 K_2，通过简化可得

$$M_{\mathrm{Ch}} = 0.197 \left[\left(\frac{hc}{G} \right)^{\frac{3}{2}} \frac{1}{m_p^2} \right] \times \frac{1}{\mu_e^2} \text{。} \tag{7.21}$$

这是物理学中最美丽的结果之一，让我们细细品味它。在《恒星的故事》一书中，我们问了这样的问题："为什么恒星会有几乎相同的质量？"已知最轻的恒星约为 3×10^{32} g，最重的约为 2×10^{35} g，大多数的质量都介于 10^{33} g 和 10^{34} g 之间。在爱丁顿的恒星理论中引力与气体压强和辐射压强的合力相平衡，我们认为该理论精炼出了一个有质量量纲的基本常数的合成常数，而且它给出了恒星质量的特征量。该基本常数的合成常数是：

$$\left(\frac{hc}{G} \right)^{\frac{3}{2}} \frac{1}{m_p^2} \cong 29.2 M_{\odot} \text{。}$$

请注意，这个质量大约是太阳质量的 29.2 倍。因此，可用爱丁顿的理论来描述的恒星，其质量应该是太阳质量的几倍。他的理论告诉我们，恒星的特征质量将是 10^{33} g 的若干倍（太阳的质量是 2×10^{33} g）。爱丁顿的恒星不会具有行星的质量，它们的质量也不会比 10^{33} g 高数千倍。

95

我们在式（7.21）中再次遇到了基本常数的合成常数。然而，这一次它并没有给我们提供衡量质量的一个概数。它为完全相对论性白矮星的质量提供了一个唯一的值。让我们回想一下，在《恒星的故事》中我们曾用较长的篇幅讨论过关于云层包裹的行星的物理学家的寓言。这次，让物理学家构造天体模型，其上的引力与相对论性电子的简并压力相平衡。让他们非常惊讶的是，他们发现这样的恒星将有一个唯一的质量，它完全由基本常数的一个组合常数来决定。这个唯一的质量是：

$$M_{\text{Ch}} = 0.197 \left[\left(\frac{hc}{G} \right)^{\frac{3}{2}} \frac{1}{m_p^2} \right] \times \frac{1}{\mu_e^2}$$

$$= 0.197 \times 29.2 M_\odot \times \frac{1}{\mu_e^2} = 5.76 M_\odot \times \frac{1}{\mu_e^2}。 \tag{7.22}$$

假定 $\mu_e = 2$，我们得到

$$\boxed{M_{\text{Ch}} = 1.4 M_\odot。} \tag{7.23}$$

由式(7.21)给出的完全相对论性白矮星的这个独一无二的质量被称为钱德拉塞卡极限质量。强调这是一个准确的结果，是至关重要的。

钱德拉塞卡并没有花费太多时间就发现了这个惊人的结果，他也弄不清楚这究竟是怎么回事！为什么把它称为一个极限质量是恰当的？这个问题的答案在四年后，即 1934 年才变得清晰起来。

钱德拉塞卡极限

经过一段漫长的海上旅程，钱德拉塞卡在 1930 年 9 月初抵达英国剑桥。但他不得不等待一个月，在新学期开始的前几天，他才与福勒会面。他做的第一件事就是向他展示他的有关白矮星理论的论文。福勒非常欣赏这篇论文并称赞了他。接下来，钱德拉塞卡向福勒展示了他在旅途中获得的有趣结果。对此，福勒持怀疑态度。但是他还是寄给了著名天文学家米尔恩(E. A. Milne)，以便得到他的有益评论。不幸的是，米尔恩对极限质量的结果也很怀疑。

正如钱德拉塞卡后来所说的，他自己也对他所获得的结果感到好奇、困惑和迷惑。它意味着什么呢？很快，一幅画面浮现在他的脑海里。也许由非相对论理论给出的关系式 $R \propto M^{-\frac{1}{3}}$ 可以通过用以下方式列入相对论效应中来得到修正。考虑一颗白矮星，它由非相对论性的"包层"(在包层中 $P \propto \rho^{\frac{5}{3}}$)和相对论性的"核球"(其中 $P \propto$

$\rho^{\frac{4}{3}}$)组成，如图 7.2 所示。当我们去研究质量更大的白矮星时，我们会想到包层会收缩，核球的质量将增加。作为这种复合星体的极限，完全相对论模型给出了一个点质量，其 $\rho=\infty$！

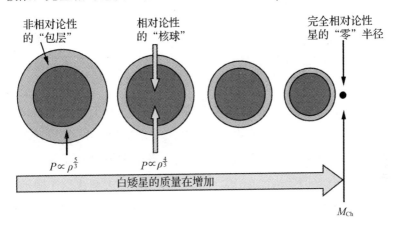

图 7.2 不同质量白矮星的特性

注：钱德拉塞卡推测，他得到的完全相对论性白矮星的独特质量可以通过上面显示的顺序极限来形象地展示。在 $M \rightarrow 0$ 的极限情形中，白矮星中所有电子将是非相对论性的，但考虑更大质量的白矮星时，靠近中心附近的电子将是相对论性的，并且它们可能会形成一个核球。当我们考虑更大质量的白矮星时，相对论性的"核球"的质量将会增加。注意，对简并星而言，其半径和质量之间存在反比关系，所以核球的尺寸将会减小！最后，当 $M=M_{Ch}$ 时，整个恒星变为相对论性的，其半径趋于零，密度变为无穷大。

这是钱德拉塞卡的猜想，但他仍然感到困惑。如果他得到的临界质量是一个极限质量，那么质量大于 $1.4M_\odot$ 的白矮星的命运是什么呢？尽管他还没有找到他的结果的真正意义，但他确信它的正确性和潜在的重要性，因此他投稿以求发表。由于福勒和米尔恩的冷淡反应，他把它投给了在美国出版的《天体物理学杂志》（*The Astrophysical Journal*），而不是英国杂志！该论文在 1931

年发表。虽然被忽视了超过 30 年，但这篇论文现在被公认为是当代天文学中最重要的论文之一。

关于恒星的最终命运的问题还没有得到解决，钱德拉塞卡不得不继续开展研究，同时他还要担心他的学位论文。鉴于这个不确定性，他为他的学位论文选择了一个完全不同的题目，研究恒星大气层中辐射和物质之间的相互作用(这项工作在学术界给他带来了很大的声誉)。

但 1934 年他又回到了白矮星这个课题上。那时他已经获得了博士学位，并获得了梦寐以求的剑桥三一学院奖学金[获得这项最具声望的奖学金的另一位印度人是传奇数学家斯里尼瓦萨·拉马努金(Srinivasa Ramanujan)]。这个时候他决定去解决这个眼前的问题，但不做任何的近似。记住，他曾在两种极限情形下计算白矮星的内部结构：

1. 粒子速度与光速相比是很小的情形。在这个限制下，牛顿力学是有效的，粒子的动能由 $E = \frac{1}{2}mv^2$ 给定。电子简并压强表示为 $P = K_1 \rho^{\frac{5}{3}}$，正如式(6.10)所示。

2. 电子速度非常接近于光速的情形，即在这种极端的相对论情形下，$E = pc$，与光子气体类似。压强由 $P = K_2 \rho^{\frac{4}{3}}$ 给定，正如式(7.17)所示。

在真正的白矮星中，并不是所有电子都有速度 $v \sim c$。靠近中心的电子(那里的密度是平均密度的六倍)可能是相对论性的，在外部区域的电子的速度可能是 $v \ll c$。因此，正确的做法是使用能量的一般表达式，如式(7.8)，我们可以得到：

$$E = (p^2 c^2 + m_0^2 c^4)^{\frac{1}{2}} \text{。} \tag{7.24}$$

正如早些时候所提及的，这个表达式在极限 $v \ll c$ 时，退变为

$E = \frac{1}{2}mv^2$，而在极限 $v \sim c$ 时，退变为 $E = pc$。人们可以利用粒子

的能量公式(7.24)来推导简并压的表达式。这个推导过程和以前的

推导过程相同。钱德拉塞卡就是这样做的，他得出的压强表达式为：

$$P = Af(x)，x = \left(\frac{\rho}{B}\right)^{\frac{1}{3}}，\qquad (7.25)$$

此处

$$A = \frac{\pi m^4 c^5}{3h^3}，B = \frac{8\pi m^3 c^3 \mu_e m_p}{3h^3}，\qquad (7.26)$$

而且

$$f(x) = x(x^2+1)^{\frac{1}{2}}(2x^2-3) + 3\sin h^{-1}x。\qquad (7.27)$$

虽然它看起来极为复杂，但是想要直接推导出上面的表达式

还是很容易的。如果有耐心，大家可以验证在低电子密度的情形

中($x \ll 1$)，上述表达式退变为非相对论性的结果 $P = K_1\rho^{\frac{5}{3}}$，而在

高电子密度的情形中($x \gg 1$)，它就又变为我们早先应用相对论极

限时得到的结果 $P = K_2\rho^{\frac{4}{3}}$。

下一步就是推导精确的质量—半径关系式。我们必须再次重

复我们先前的步骤。这一次要用到状态方程(7.25)。今天，用现

代计算机就可以做这个简单的练习。但是在1934年，这是相当麻

烦的一件事情。钱德拉塞卡并没有被吓倒，他深陷其中，一步一

步地计算出了质量—半径关系。这是非常繁重的数值计算工作。

其中在某个时期，爱丁顿曾从挪威访客那儿借了一个机械的手动

计算器给钱德拉塞卡；这个瑞典计算器是那个时候在那儿唯一能

得到的！经过几个月的艰苦工作，钱德拉塞卡得到了精确的质

98

量—半径关系，如图 7.3 所示。

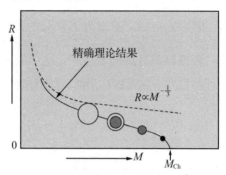

图 7.3 白矮星的质量—半径关系

注：这个图改编自钱德拉塞卡 1935 年的具有历史性意义的论文，其中，他提出
了有关白矮星的精确理论。虚线所示是近似理论给出的结果，近似理论把电子视为
非相对论性的。实线表示精确的质量—半径关系。我们看到在质量非常小的极限情
形下，近似理论与精确理论是非常一致的。但是对质量更大的白矮星来说，精确理
论与近似理论偏离就更大了。大约在一个太阳质量的位置上曲线出现剧烈下降，在
$M{\to}M_{Ch}$ 时，半径趋于零。对于叠加在实线上的圆圈的解释，请参看图 7.2。

让我们仔细看看这个图。虚线代表的是忽略了狭义相对论效应
后(忽略质量随速度而变化)的近似理论结果。这一理论认为所有质
量的恒星处于平衡结构。实线代表的是精确理论结果。正如预期的
那样，精确理论给出的质量—半径关系与近似理论给出的，在 $M{\to}0$
时是一样的。白矮星的质量一般都比较小，密度足够低，以致电子
的速度比光速小很多，自然而然，狭义相对论效应就不重要了。
但是当我们去考虑质量更大的白矮星时，精确理论与近似理论就
有偏差，大约在一个太阳质量处出现暴跌，而且当 $M{\to}M_{Ch}$ 时半径
趋于零。因此，只有当 $M{<}M_{Ch}$ 时才存在有限的平衡结构。

让我们停下来去理解这个结果的含义。爱丁顿担心像天狼星的
伴星那样的天体"没有足够的能量来冷却"。福勒"拯救"了它们。他

认为这些星星最终会变成白矮星并冷却下来从而变成黑矮星。但钱德拉塞卡非凡的发现表明，质量比 M_{Ch} 大的这些白矮星是不会处于平衡状态的。因此，它们将不会有必需的能量来冷却。因此，$M >$ M_{Ch} 的白矮星将会处于困境之中，它们的亚原子能量供给严重不足！

所有恒星都能寿终正寝吗？

钱德拉塞卡的精确理论证实了他早先的直觉，那时他发现了 *100*
天体的这个独一无二的质量：

$$M_{\text{Ch}}=0.197\left[\left(\frac{hc}{G}\right)^{\frac{3}{2}}\frac{1}{m_p^2}\right]\times\frac{1}{\mu_e^2}=1.4M_\odot。$$

这被解释为白矮星的极限质量。那么，质量比这个更大的白矮星的命运是什么呢？有趣的是，钱德拉塞卡在 1932 年就已经找到了这个问题的答案，甚至还早于他发现白矮星问题的精确解。在 1932 年发表的一篇杰出的文章中，他获得了最基本的结果：

> 如果辐射压超过总压强(气体压强加上辐射压)的 9.2%，那么物质就不能变成简并的，但是物质的密度可能变得更高。

我们现在来证明这一点。

大家还记得我们在讨论费米—狄拉克分布时说过，如果 $E_F \gg$ $k_B T$，也就是说，如果费米能量比热能大得多，那么费米子应视为是简并的。或者，人们可以说，如果通过费米—狄拉克分布计算得出的压强值远大于使用波义耳定律计算得出的压强值，那么气体就应该被考虑成简并的，

$$P_{\text{简并}} \gg P_{\text{理想气体}}。 \tag{7.28}$$

反过来，如果电子产生的经典的压强远大于电子的简并压，那么物质就不能被认为是简并的。大家可能会想这里面存在疑问。毕竟，福勒得出结论认为天狼星的伴星中的物质应被视为简并的，原因是 $E_F \gg k_B T$。这意味着 $P_{简并} \gg P_{理想气体}$。通过以下证明，大家可以很容易说服自己。电子的相对论简并压强由下式给出：

$$P_{简并} = \frac{2}{5}\left(\frac{3}{8\pi}\right)\frac{h^2}{2m}\left(\frac{N}{V}\right)^{\frac{5}{3}} = \frac{2}{5}\left(\frac{N}{V}\right)E_F。 \tag{7.29}$$

101 ［请看式(5.10)和式(5.20)］而电子的经典压强是

$$p_e = \left(\frac{N}{V}\right)k_B T。 \tag{7.30}$$

比较一下式(7.29)和(7.30)可知，由于 $E_F \gg k_B T$，对简并气体而言会存在 $P_{简并} \gg P_{理想气体}$。

为什么钱德拉塞卡要考虑对更大质量的恒星，这个条件可能会逆转这个可能性呢？毕竟，人们期待质量更大的恒星，其密度会更大。但是，质量更大的恒星的内部温度也会更高。因为由式(7.30)给出的经典压强取决于密度和温度，人们不能假设对于质量比钱德拉塞卡极限质量更大的恒星来说，不等式(7.28)一定成立。这就是钱德拉塞卡研究物质被视为简并的普适条件的原因了。

然而，比较简并压强和经典压强就像比较苹果和橘子！前者仅取决于密度，后者取决于密度和温度。但是有一个小把戏，我们在"恒星是什么？"那章中已经用过了，我们会再次使用。让我们引入一个分数 β，它由下式定义：

$$\begin{aligned} P_{tot} &= p_e + p_R \\ &= \frac{1}{\beta}p_e = \frac{1}{1-\beta}p_R \\ &= \frac{1}{\beta}\frac{\rho k_B T}{\mu_e m_p} = \frac{1}{1-\beta}\frac{1}{3}aT^4。 \end{aligned} \tag{7.31}$$

β 的含义是明确的。它是电子的经典压强 p_e 占总压强的比例，而 $1-\beta$ 就是辐射压强 p_R 那部分。上述等式中最后两个式子也相等，可用 ρ 和 β 来表示 T，可以得到：

$$\frac{1}{\beta}=\frac{\rho k_B T}{\mu_e m_p}=\frac{1}{1-\beta}\frac{1}{3}aT^4 。$$

简化后可得：

$$T=\left(\frac{3}{a}\frac{k_B}{\mu_e m_p}\frac{1-\beta}{\beta}\right)^{\frac{1}{3}}\rho^{\frac{1}{3}} 。 \qquad (7.32)$$

现在我们可以用式(7.32)来代替 T，并用此表示电子的经典压强： *102*

$$p_e=\frac{\rho k_B T}{\mu_e m_p}=\left[\frac{3}{a}\left(\frac{k_B}{\mu_e m_p}\right)^4\frac{1-\beta}{\beta}\right]^{\frac{1}{3}}\rho^{\frac{4}{3}} 。 \qquad (7.33)$$

我们成功地用 ρ 和 β 表示出了理想气体的压强，而不是用 ρ 和 T。现在我们可以比较苹果和橘子了。但我们怎样把它与非相对论或相对论简并压强相比较呢？钱德拉塞卡关于白矮星的精确理论，无疑是建立在电子是完全相对论性的这个基础上的，此时白矮星的质量达到 $1.4M_\odot$。因此，如果质量大于 $1.4M_\odot$ 的白矮星是完全简并的，那么它里面的电子是完全相对论性的。这样的假设应该是合理的。所以，我们要比较电子的理想气体压强和相对论简并压强 $P_{rel}=K_2\rho^{\frac{4}{3}}$ [见方程(7.17)及(7.18)]。

我们又一次进退两难。如果电子是相对论性的，我们使用波义耳定律来计算电子理想气体压强是否合理？毕竟，波义耳定律早于狭义相对论几个世纪。是的，波义耳定律在相对论情形下是有效的！我们引用钱德拉塞卡 1932 年发表的论文：

关于这一点，我们必须记住，对相对论的考虑并不影响理想气体的状态方程。$p=nk_B T$ 确实是独立于相对论的！

对于一个 22 岁的男孩来说，他拥有如此清晰的思维令人赞叹不已！因此，如果下式成立，那么电子的经典压强将大于简并压强，即 $p_e > P_{\text{rel}}$，

$$p_e = \frac{\rho k_B T}{\mu_e m_p} = \left[\frac{3}{a} \left(\frac{k_B}{\mu_e m_p} \right)^4 \frac{1-\beta}{\beta} \right]^{\frac{1}{3}} \rho^{\frac{4}{3}} > K_2 \rho^{\frac{4}{3}} = P_{\text{rel}} \,。$$

消掉上式两边的密度，我们得到 $p_e > P_{\text{rel}}$ 的条件为

$$\left[\frac{3}{a} \left(\frac{k_B}{\mu_e m_p} \right)^4 \frac{1-\beta}{\beta} \right]^{\frac{1}{3}} > K_2 \,。 \qquad (7.34)$$

103　　用式 (7.18) 取代 K_2，并代入斯特藩常数 a 的具体值，上述不等式变为

$$\frac{960}{\pi^4} \times \frac{1-\beta}{\beta} > 1 \,。$$

这可以改写为

$$\boxed{1 - \beta > 0.092 \,。}$$

大家记得 $(1-\beta)$ 是总压强中辐射压所占的比例，

$$p_R = (1-\beta) P_{\text{tot}} \,。$$

因此，如果辐射压在总压强中的占比超过 9.2%，那么 $p_e > P_{\text{rel}}$，而且物质不能被视为简并的。我们将在后面的章节中看到，这个精确的结果在所有当代的恒星演化理论中都具有重要的意义。图 7.4 示意性地展现了这一结论。

大家可能记得在第一本书《恒星的故事》中我们说过，爱丁顿的重要见解之一就是辐射压的大小随质量的增加而增加。例如，在太阳中心，辐射压仅占总压强的 3% 左右。在考虑更大质量的恒星时，大家会遇到一个临界质量 $M_{\text{临界}}$，此时辐射压等于总压强的 9.2%。因此，质量比这个临界质量还要大的恒星，其物质不能变成简并的。结果是，这些恒星最终不能变成白矮星。当这些恒星的核能源供给耗尽时，它们将会陷入严重的困境中。由于泡利不

相容原理和费米—狄拉克统计无法拯救它们，它们将不得不一直
塌缩下去，直到它们变成具有无限大密度的一个点！

　　用爱丁顿的恒星标准模型，钱德拉塞卡估计出了这个临界质
量约为 $1.6M_\odot$，仅仅比白矮星的极限质量大一丁点。但是，基于
标准模型的这个临界质量的估算是不正确的。不过，在本书的后
面我们将看到，现代研究表明，随着恒星质量的增加，辐射压日
益发挥着主导作用。当恒星质量大于 $8M_\odot$ 时，它们的内部物质不
会变成简并的。因此，如图 7.4 所示，钱德拉塞卡 80 多年前提出
的基本观点是一直成立的！　　　　　　　　　　　　　　　*104*

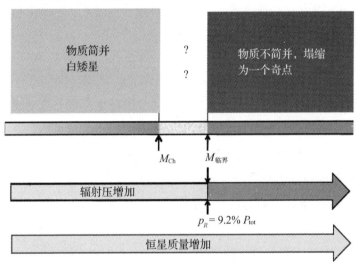

图 7.4　简并？还是不简并？

　　注：这个示意图总结了钱德拉塞卡的两个惊人发现。（1）白矮星有一个极限质
量。它称为钱德拉塞卡极限 M_{Ch}，仅仅由基本常数确定。它的数值是 $1.4M_\odot$（假设
在变成简并的之前，恒星已经燃尽了所有的氢元素）。（2）恒星有一个临界质
量。质量大于这个临界值的恒星将不会变成简并的，但是其密度可能变得很大。当它们的
核能源供应枯竭时，即使是泡利不相容原理也拯救不了这样的恒星。它们别无选
择，只能塌缩成一个奇点。

第8章 恒星的荒诞行为：不是所有的恒星都有能量来冷却

一些著名的论断

正如我们所知道的，1930 年至 1934 年，钱德拉塞卡有两个著名的发现。

1. 1930 年，他偶然发现了一个有趣的结果，一个完全相对论简并的恒星有一个独一无二的质量：

$$M_{\text{Ch}} = 0.197 \left[\left(\frac{hc}{G} \right)^{\frac{3}{2}} \frac{1}{m_p^2} \right] \times \frac{1}{\mu_e^2} = 1.4 M_\odot。$$

1934 年，钱德拉塞卡通过详细的数值计算，给上述结果赋予了真正的意义。他的有关白矮星的精确理论清楚地表明，上述质量应该被视为白矮星的极限质量。质量比这个极限质量大的白矮星不存在受力平衡。

2. 1932 年，钱德拉塞卡证明了一个定理，其表明如果辐射压超过总压强的 9.2%，物质就无法变成简并的。按照这个定理，在演化过程中质量足够大的恒星永远不可能成为简并核球。

现在，这两个发现已被视为当代天文学革命的基础。钱德拉塞卡对自己研究结果的正确性是如此的自信，以至于他的划时代的论文中有一些大胆且有力的陈述。

例如，在他 1932 年发表的那篇论文中有以下陈述：

质量大于 $M_{\text{临界}}$ 的所有恒星，其物质的理想气体状态方程

不会被破坏，但其密度会变大，不过物质不会变成简并的。为避免形成中心奇点，即便求助于费米—狄拉克统计也无济于事。在我们能够回答下面的基本问题之前，恒星结构分析要取得重大进展是不可能的：给定包含电子和原子核（总电荷为零）的一堆物质，如果无限地压缩它，那将会发生什么事呢？

钱德拉塞卡（1932 年）

在他那篇有精确结果的论文的开篇申明中，他给出了结论：

最后，有必要强调的是整个研究的一个主要结果，我们也必须承认这一点，小质量恒星的演化历程必然与大质量恒星的演化历程截然不同。对于小质量恒星而言，天然的白矮星阶段是走向完全死亡的第一步。大质量恒星（大于 $M_{临界}$）不能进入白矮星阶段，人们只能来思考它们其他的演化可能性。

钱德拉塞卡（1934 年）

爱丁顿的演说

这些都是具有前瞻性的陈述，而且它们经受住了时间的考验。但在那个时候，整个天文界选择了忽视年轻的钱德拉塞卡的这些重要发现。因为天文界的一些大权威公开宣称钱德拉塞卡已经完全错了，这就促使天文界对待一些内容选择保持温和的忽视态度。我已经说过，就连福勒和米尔恩都对钱德拉塞卡在他航行到英国的途中获得的完全相对论简并星这一研究结果表示非常怀疑。福勒不理解它，正如当时钱德拉塞卡不理解它一样。米尔恩不接受

钱德拉塞卡的发现，因为它与米尔恩的理论相矛盾。米尔恩认为
所有气态恒星都有简并核球，简并核球不能存在于质量超过某一
临界质量的恒星中，这样的概念是不可接受的。面对人们这样的
反应，并且预想他的论文在英国杂志上获得发表会存在困难，钱
德拉塞卡把他 1932 年完成的论文投到了一个著名的德国杂志上发
表。阴差阳错，该杂志社把他的论文寄给了米尔恩，以便获得他
的批判性建议。虽然米尔恩（勉强地）同意该论文发表，但他写了
一封信给钱德拉塞卡，他说："……该论文有一个原则上的错误，
而且如果它一旦发表了，在任何情况下它只会损害你的声誉。"

　　至于爱丁顿，他信心满满，他认为关于简并星的精确理论将会
表明不会有极限质量这样的内容出现。那么，为什么在这个阶段会
出现恐慌呢？正如前面已经提到的，钱德拉塞卡完成了他的博士论
文，并且确保获得了著名的三一学院奖学金之后，重新开始了对这
个课题的研究。1934 年 7 月，钱德拉塞卡去了俄罗斯。他去了列宁
格勒（今圣彼得堡）著名的普尔科沃天文台，在那里他遇到了著名的
亚美尼亚天文学家维克多·阿姆巴楚米扬（Victor Ambartsumian），
他鼓励钱德拉塞卡在不做任何近似的情形中给出白矮星理论。钱
德拉塞卡回到剑桥后不久就开始了该项研究。爱丁顿对钱德拉塞
卡的计算进程抱有浓厚兴趣。当爱丁顿看到如果质量接近极限质
量，那么白矮星的半径暴跌为零时，他目瞪口呆，但他没有发表
任何看法并且守口如瓶。

　　1935 年 1 月，钱德拉塞卡应邀在伦敦皇家天文学会的一次会
议上介绍他的论文。正是在这个历史性的会议上，钱德拉塞卡展
示了他关于白矮星的精确理论的结论。在他演讲之后，皇家天文
学会主席立即邀请爱丁顿发言。钱德拉塞卡知道爱丁顿会发言，

但他没有意识到他讲话的主题是什么。当他看到爱丁顿起身发言的主题是关于相对论简并时，他吓呆了。自然，这对钱德拉塞卡来说是一个巨大的冲击。但紧接着是更糟的事情。爱丁顿讲话的要旨是不存在相对论简并这样的事情，因此，钱德拉塞卡的结论必须即刻被抛弃。他首先讨论了该问题的历史缘由，即他 1924 年提出的悖论，以及福勒使用费米—狄拉克统计解决该问题的方法。钱德拉塞卡重新研究这个原始悖论使爱丁顿很恼火。让我引用爱丁顿演讲的几句话：

我不知道我是否应该逃离这个会议，但是我的观点是，没有相对论简并这样的事情！

钱德拉塞卡利用过去五年里大家接受的相对论公式，得出质量超过某个极限的恒星仍然保持理想气体状态并且永远不会冷却下来。我想，恒星必须辐射并不断辐射，收缩并不断收缩，直到当引力变得足够大，足以在辐射场中支撑自己并且最后可以达到平衡时，它的半径会缩成几千米。

……钱德拉塞卡博士以前就得到了这个结果，但他在他最后一篇论文中把它删掉了；而且当我和他讨论时，我觉得可以得出这样的结论，这几乎是相对论简并公式的反面教材。各种意外可能会干预并拯救恒星，但我需要比那更多的保护。我认为应该有一个自然法则来阻止恒星的这种荒谬行为。

然后他继续讨论在什么地方相对论简并的想法错了。他的论点是相对论简并公式是基于相对论力学和非相对论量子理论的结合的。他话中的含义是，泡利不相容原理不会在相对论量子力学中有效！爱丁顿声称，当量子统计力学在相对论框架中正确地用公式表达出来时，旧的公式 $P = K_1 \rho^{\frac{5}{3}}$ 将继续有效，而且福勒对 1924 年悖论的解决方案对所有恒星都适用。爱丁顿认为，恒星不会以钱德拉塞卡理论指出的那种荒诞方式行事。所有恒星都会有能量来冷却！

嗯，大权威开口说话了，掀起了一股潮流。许多天文学家纷纷响应，尤其是米尔恩，他表达了对钱德拉塞卡理论的反对意见。不用说，年轻的钱德拉塞卡被打垮了。他被人嘲笑，而不是被誉为科学界的一个新兴超级巨星。面对这种情形，钱德拉塞卡做了他唯一能做的一件事来反击趾高气扬的爱丁顿。他恳求哥本哈根尼尔斯·玻尔研究所的物理学家们。由于他在那儿待过一年（1932年），他认识他们中的许多人。在那个时期，尼尔斯·玻尔研究所是"物理学的圣地"。所有的年轻天才们都被吸引到了哥本哈根。作为一个教师、哲学家，以及启发人们去做伟大事情的人，玻尔（Neils Bohr）具有伟大的声誉。他的学生和合作者的名单真的令人印象深刻：福勒、狄拉克、海森堡、泡利、乔登（Jordon）、马克斯·玻恩（Max Born）、奥斯卡·克莱因（Oskar Klein）、列昂·罗森菲尔德（Leon Rosenfeld）、维克多·魏斯科普夫（Victor Weisskopf）、马克斯·德尔布吕克（Max Delbrück），还有很多！在一封给他父亲的信中，钱德拉塞卡写道："可以说，只有玻尔，他不仅具有伟大的思想，而且他对当代天才们的影响是巨大的。事实上，在数学和物理学的整个历史范围内，很难找到可以与玻尔相比肩的人，此刻我能想到的只有一个人——高斯。"

所以，钱德拉塞卡写信给他的密友列昂·罗森菲尔德，解释了爱丁顿对相对论简并的反对意见，特别是对相对论中泡利不相容原理的反对意见。罗森菲尔德和玻尔讨论了爱丁顿的反对意见，并给钱德拉塞卡回信：

> 玻尔和我完全看不出爱丁顿的说法有什么意义……在我们看来，爱丁顿认为若干高速电子可能会在相空间的一个态中，将意味着对另一个观测者来说，几个低速电子将在同一个态中，这将与泡利不相容原理相悖……你能劝爱丁顿用普通人可以理解的方式来陈述自己的意见吗？……

罗森菲尔德用很简单的方法就驳倒了爱丁顿的观点！让我们了解一下罗森菲尔德的反击。爱丁顿拒绝钱德拉塞卡理论的唯一方式就是认为泡利不相容原理在狭义相对论中是无效的。他同意费米和狄拉克的观点，只要电子是慢速（非相对论）的，在相空间中的每一个量子态中只能放两个电子。但他坚持说，如果电子是快速（相对论）的，那在相空间中的每一个量子态中可以放任意多的电子。狭义相对论的一个总的观点是，对一个观测者来说是快速的电子，可能对另一个观测者来说是慢速的。爱丁顿可能认为他已经把快速电子打包放进了一个量子态中。但对另一个观测者而言，该量子态中挤满了慢速电子，这将是违反泡利不相容原理的！因为爱丁顿已经写了一本关于爱因斯坦相对论的权威著作，所以他的这个小错误是令人吃惊的。

几天后，钱德拉塞卡寄给了罗森菲尔德一份爱丁顿的手稿，请求他给泡利和玻尔看看。罗森菲尔德回答：

> ……在勇敢地读了两遍爱丁顿的论文之后，我没有改变

我以前的观点。这是最疯狂的胡说八道！

泡利的反应更具特色："爱丁顿不懂物理。"钱德拉塞卡也给狄拉克写了信，他也认为钱德拉塞卡对这个问题的处理是绝对没有问题的。

110　　尽管伟大的物理学家们确信爱丁顿的反对意见是荒谬的，但他们不想公开地反对他。他们根本就不想平添烦恼。当时，物理学家们对天体物理问题不感兴趣。还记得在那个时候，太阳的能量产生问题还没有得到解决。例如，玻尔认为既然天文学家连那个基本问题都回答不了，那么物理学家们卷入天文学中就显得很不成熟。有趣的是，能量产生问题终于在 1938 年由物理学家汉斯·贝特解决了！另一个出色的物理学家乔治·伽莫夫从那个时候开始研究天体物理问题(事实上，正是伽莫夫让汉斯·贝特对恒星能源问题感兴趣的)。伽莫夫不仅是一位极有创造力的物理学家，他也是一个伟大的沟通者。他还写了许多精彩的通俗读物，解释了物理学的最新发展状况。其中之一，《太阳的诞生和死亡》(*The Birth and Death of the Sun*)在 1940 年出版，在书中他讨论了钱德拉塞卡在白矮星方面的研究工作。图 8.1 就来自他这本经典的著作。

回到我们的故事，钱德拉塞卡恳请伟大的物理学家来拯救他的发现，这并没有让米尔恩感到舒服。在给钱德拉塞卡的一封信中，米尔恩写道：

你拉拢了一帮大权威，如玻尔、泡利、福勒、威尔森(Wilson)等，令人印象非常深刻，但让我心寒。如果量子力学的结果与很明显的、更直接的考虑相矛盾，那么基于其推导的某些基本原理一定是错误的……对我来说，物质很显然不会如你预测的那样……一个理论不能被用来作为一种说教，强迫人们相信……

从长期来看，爱丁顿的研究工作几乎总是错误的，而且我也很愿意相信他在这个问题的细节上也是错的。但是我依然坚持我的常规看法。

至于爱丁顿，他在各种会议上继续发表他的演说。他与钱德拉塞卡的最后一次会面是在 1939 年 7 月，在巴黎。爱丁顿试图把钱德拉塞卡拉回来，但他不愿意改变自己的立场。不久，第二次世界大战爆发，爱丁顿在 1944 年去世。

在那 30 多年中，天文学界一直忽视钱德拉塞卡的开创性的发现。在这期间，钱德拉塞卡因其众多的其他方面的贡献而出名。他获得了许多奖。1944 年他被选为英国皇家学会会员。1952 年英国皇家天文学会授予他金奖。一年后，他获得了梦寐以求的布鲁斯奖。但这些奖项都没有提及他在白矮星方面的工作！

最后，在 20 世纪 60 年代，事情发生了变化。这十年中，天文学家发现了双 X 射线源、类星体和中子星。这个拥有众多伟大发现的黄金时代在 1973 年达到了鼎盛，在这一年第一个恒星质量黑洞的候选体被发现了。这就非常清楚地表明，并不是所有的恒星都有足够的能量来冷却。

1974 年钱德拉塞卡被授予丹妮·海涅曼奖（Dannie Heineman Prize）。这是第一次提到他在白矮星方面的研究工作！很不寻常，是不是？令人好奇的是，在 1995 年钱德拉塞卡去世时，绝大多数天文学家记得他，几乎都是因为他在白矮星上的不朽贡献。

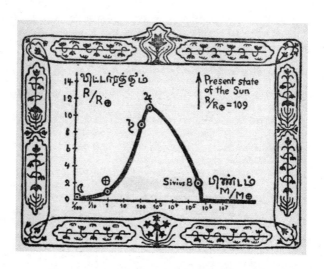

图 8.1　天体的质量和半径关系（以地球作为参照）

　　注：该图转载自伽莫夫的著作《太阳的诞生和死亡》。曲线上升部分旁边的符号代表（从左至右）月球、地球、土星和木星。引用伽莫夫的话："请注意，质量比地球质量大 46 万倍的天体，其半径为零！描述质量和半径用的是钱德拉塞卡博士的母语泰米尔语。"

第9章 客 星

东方天文学家

天空的宁静和永恒时不时地会因一颗新星的出现而被打破。在公元以来的两个千年中，这些新星最勤奋的观测者是东方的天文学家，尤其是中国的天文学家。他们不仅观测它们，而且还详细地记录和描述了它们。图 9.1 展示的是中国的甲骨文，可追溯到公元前 1300 年。这些甲骨有的是由动物的肩胛骨制成的，上面通常记载着一件事情。图中所示的铭文是：

> 本月的第 7 天，一个巨大的新星出现在心宿二(大火)旁边。

通常情况下，人们可以连续几个月观测到这些新星，有时甚至在白天也可以看到它们！偶尔它们能被观测到的时间也可以持续若干年。中国天文学家称它们为客星；像彬彬有礼的客人，它们待一会儿就会离开！中国天文学家花了很大的精力去寻找这样的客星。人们一般认为这些事件的发生预示着在地球上会发生重要的事情，如王子出生或死亡。

1006 年的客星

从历史记载中我们可以得知，中国人在公元以来的两个千年中共记录了 6 颗客星，记录时间分别为：公元 185 年、386 年、393 年、1006 年、1054 年和 1181 年。到目前为止，它们中最亮的是 1006 年发现的客星。对它做出最生动的描述的人是住在开罗的埃及人阿里·利迪万(Ali Ridwan)。阿里记录了这颗星的位置，以及第一次看到这颗星时行星们的确切位置。他是这样描述的：

113
　　　　它是圆形的，大小为金星的 2.5 倍或 3 倍。它照亮了地平线，而且不断闪烁着。它的亮度比月亮亮度的四分之一还亮一些。

中国人也曾见过这颗星星。根据他们的记载，"它照亮了地平线""它还能在地上投射出影子""在它的照耀下人们可以看到东西"，等等。很显然，它是一颗非常明亮的星星，人们可以看到它的时间持续了好几年。

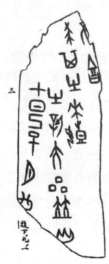

图 9.1　中国的甲骨文

注：这可以追溯到公元前 1300 年，上面有对一颗客星的描述。这是对客星的已知的最古老的记载。该图转载自李约瑟(Joseph Needham)著，由英国剑桥大学出版社出版的《中国的科学和文明》(*Science and Civilization in China*)。

1054 年的客星

最著名的客星也许是 1054 年 7 月 4 日人们看到的客星(和美国的独立日相差几个世纪!)。它出现在金牛座(亦称公牛座),该公牛被猎户(亦称猎人)所追逐。从详细的描述来看,很清楚,在它达到最大亮度前的一个月中,它保持与木星一样的亮度;而且在它达到了最大亮度之后的 23 天里,人们白天也能够看见它。630 天之后,它终于消失了。 *114*

这颗特别的客星将是我们这一系列著作的下一本书《中子星和黑洞》关注的焦点。

1572 年的新星斯特拉

1572 年的客星被许多欧洲天文学家和数学家看到并记载了下来。但对这颗新星——新星斯特拉(拉丁语)进行最全面的研究的是另一个出类拔萃的天文学家第谷·布拉赫(Tycho Brahe)。此时,第谷是一位年轻的丹麦天文学家(见图 9.2)。开普勒(Johannes Kepler)后来成为第谷的学生,他说过:"如果说那颗新星没有任何其他的作为,那么它至少宣告并造就了一位伟大的天文学家。"

第谷在他 1573 年出版的名著《新星斯特拉》(*De Nova Stella*)中总结了他对这颗客星的所有观测资料。这是他描述的第一次看到它的情形:

昨天(11 月 11 日)晚上日落之后,当我根据习惯凝视天空 *115*

中的星星时，我注意到在我头顶上有一颗新的且不寻常的星星熠熠生辉，它的亮度超越了其他的星星；因为我几乎从少年时代开始就完全知晓天空中所有的星星了，很明显对我而言在天空中那个地方从未有过任何星星，即使是最小的，更不用说是如此明亮的星星了。

图9.2　第谷·布拉赫(1546—1601年)

用自制的仪器，他非常准确地测量了该星星的位置，而且他尽他所能经常地进行观测。当然，他的目的是探测它的运动情况。经过18个月的艰苦观测，他得出的结论是该星没有任何运动。这排除了该新星可能与一颗行星相关的可能性。引用第谷的话：

> 我认为这颗星星并不是某种彗星或火流星……但它本身确实是一颗在天空中闪耀的星星。

第谷做的最重要的事情之一就是定期测量该新星的亮度，在特定的时间与天空中其他已知的星星进行亮度比较。他做得非常细致。由于标准星的亮度不可能在 4 个世纪中有太大改变，人们可以使用第谷的描述，推断出被称为 1572 新星的光变曲线（亮度随着时间变化的曲线）。这样的光变曲线现在被公认为是至关重要的。这里是第谷描述新星亮度变化的一个例子：

> 当第一次看到新星时，它比所有的恒星都亮，包括织女星和天狼星。它甚至比木星还稍亮一些。
>
> 这颗新星在 1572 年 11 月和金星一样明亮。在 12 月，它大约和木星一样亮。1573 年 1 月，它比木星暗一点，但亮度大大地超过了一等星中较亮的星星；在 2 月和 3 月，它和最晚命名的那组星星一样明亮；在 4 月和 5 月，它与二等星一样明亮；在 6 月它的亮度进一步下降；在 7 月和 8 月，它的亮度达到三等星的亮度。在 1573 年年底，该新星的亮度几乎超过五等星的亮度了。最后，在 1574 年 3 月，它变得非常暗弱以至于再也看不到了。

1604 年的开普勒新星斯特拉

116　　　第谷于 1601 年去世。但他的天文学研究由他的学生和助手开普勒继承并发扬光大。在 1604 年，开普勒首先观测到了另一个新星斯特拉。他对它进行了彻底研究，这是他所做的所有事情的一个标志。他也像第谷那样得到了非常精确的光变曲线。不幸的是，所有这一切工作都是在天文望远镜出现之前做的。大家知道，用望远镜开展天文观测是 1609 年由伽利略（Galileo Galilei）首创的，从此便开始了一场天文观测革命。

仙女座大星云中的客星

　　我们应该感谢东方天文学家，还有欧洲天文学家，如第谷和开普勒等，但是客星的本质仍然是一个很大的谜。大约在 1930 年，这件事情发生了戏剧性的变化。

　　这个故事可以追溯到 1885 年。1885 年 8 月的一个晚上，俄罗斯天文学家哈特维希（E. Hartwig）在他所在的天文台招待一些朋友。他们中的一些人好奇地想用望远镜看看星空。所以他决定给他们看一看仙女座中的巨大旋涡星云 M31（见图 9.3），他一直定期观测这个星云。他惊奇地发现在该星云中心附近有一颗明亮的新星。虽然他绝对肯定 15 天前该处没有这颗新星，但他还是无法说服天文台台长。在他和台长证实这颗新星确定存在后的一周后，他才被允许宣布这一发现。在这颗新星达到其最大亮度后，哈特维希持续跟踪观测了 180 天，之后它就看不到了。这颗新星被命名为仙女 S 星。

图 9.3 仙女座大星云

注：这是仙女座中巨大旋涡星云 M31［来自维基共享资源，得到了作者约翰·拉努伊(John Lanoue)的友好许可］。无数的这样的旋涡星云曾被认为是我们银河系的一部分，直到埃德温·哈勃(Edwin Hubble)证实这个星云是在距离我们约三百万光年远的地方。由于我们银河系的直径只有十万光年，显然 M31 不可能在我们的银河系中。它必定属于另外一个独立的星系！

大辩论

在 20 世纪初，对于这些大量的旋涡星云，大家还不太清楚它们的性质。有些人认为它们在我们自己的银河系之外，而其他人认为它们是我们银河系的一部分。这场辩论导致人们在旋涡星云中发现了更多的新星。在这个时候，天文照相术变得更加复杂了。几位最杰出的天文学家获得了 M31 的照片，并从中发现了若干新星，但它们都比仙女 S 星暗弱。很明显，仙女 S 星在 M31 中并不是一颗典型的新星。1917 年，美国天文学家柯蒂斯(H. D. Curtis)

117

注意到，M31 中的典型新星的亮度是我们银河系中典型新星的亮度的 $\frac{1}{10\,000}$。由此他得出的结论是 M31 离我们约有 500 000 光年——这个距离已经远远超过银河系的直径了。这使得柯蒂斯提出了所谓的岛宇宙假说，他认为旋涡状星云实际上是独立的星系。但是，另一位杰出的天文学家、哈佛大学的哈洛·沙普利（Harlow Shapley）强烈反对这一结论。1920 年，在美国国家科学院的支持下，沙普利和柯蒂斯之间展开了正式辩论。但是这场大辩论没有结果。

118 　　僵局终于在 1924 年被打破了。1923—1924 年通过使用加利福尼亚州威尔逊山上的威力强大的 100 英寸的望远镜进行观测，埃德温·哈勃首次在 M31 中证认出几个变星是造父变星。关于这类变星有一点需要特别指出，它们的距离可以通过确定其亮度的朔望周期来确定。这一发现使哈勃能够确定 M31 的距离——仙女座大星云离我们大约 300 万光年。毫无疑问，这证明了仙女座里的这个巨大的旋涡星云并不是我们银河系的一部分。它完全是一个独立的星系，其中包含几千亿颗恒星。

一个超级新星？

119 　　解决一个问题的同时，也解决了另一个问题。M31 中的典型新星的亮度是我们星系内典型新星的亮度的 $\frac{1}{10\,000}$ 的原因终于被发现了——仙女星系离我们有 300 万光年远。事情就是那样简单。但是对于 1885 年发现的仙女 S 星人们又发现了一个很严重的问题。在其最亮的时候，仙女 S 星的亮度大约是整个星系亮度的六分之一。是的，像一千亿颗恒星亮度的六分之一那样明亮！由于

仙女 S 星的照片不容易拿到，我们在图 9.4 中展示了另一颗超级新星的例子，它也是银河系外一个星系中的一颗超亮新星，它的亮度和整个星系的亮度相比还是相当可观的。

图 9.4 超级新星

注：这是 1994 年在 NGC 4526 星系中发生的超新星爆发。这个星系距离我们 5 500 万光年，可以与距离我们 300 万光年远的仙女星系做个比较。注意，超新星(在左下角)的亮度与星系中心区域的亮度相比，还是挺可观的。在这幅图中看到的这些暗条是该星系的旋臂。就像我们自己的银河系一样，在旋臂上有很多的尘埃云。这些不透明的云块是形成大质量恒星的气体云，这些大质量恒星最终爆发变成超新星。[图片来源：NASA，ESA，哈勃重点项目团队，以及高红移超新星搜寻团队]

到 1933 年，在众多星系的一些随机照片中可以发现许多新星的例子，它们的亮度与宿主星系的亮度几乎相同。这促使加州理工学院的天体物理学家弗里茨·兹威基(Fritz Zwicky)创造了"超新星"这个词！

第 10 章　超新星、中子星和黑洞

　　正如在第 9 章提到的，是兹威基把超级亮的新星斯特拉命名为超新星的。据传言，1931 年他在一次课堂上第一次使用了这个词。兹威基估计，像 1885 年仙女 S 星这样的超新星，在几周时间里它所释放的能量就等于太阳在一百万年里辐射出的总能量！这个能量是如何产生的？兹威基和他的同事沃尔特·巴德（Walter Baade，他是世界上最杰出的实测天文学家之一）反对产生如此惊人的能量的过程与太阳发光的过程有相同的机制这样的观点。但请记住，在 1931 年，人们还不知道恒星内部是如何产生能量的；贝特在 1938 年才解决了这个重大问题。那个时候，仅仅只是爱丁顿的猜想，即恒星通过将氢转化为氦产生能量。

中子的发现

　　那是在 1931 年。让我们到英国剑桥去看看那里发生了什么事。卢瑟福勋爵非常关心当时物理学出现的一个普遍性困难：如何把玻尔理论（电子围绕由质子组成的原子核转动）和元素的同位素协调起来。根据玻尔的原子模型，原子核内的带正电荷的粒子的数目必须等于做轨道运动的电子数目。这意味着，一旦我们给定了原子电荷，原子质量（本质上是原子核的质量）应该是唯一确定的。但是卢瑟福和他的同事们发现，许多元素都有同位素。一个给定元素的所有同位素都具有相同的原子电荷，但原子质量却

不同。这意味着，虽然一个元素的所有同位素的原子核的电荷是由做轨道运动的电子数目确定的，但原子核的质量并不是由电子

的数目(质子的数目)确定的,它是变化的。出现这种情况的唯一可能性是除了质子外,原子核还含有中性粒子。如果这些中性粒子的数目在不同的同位素中是不同的,那么就可以解释为什么它们的原子核的质量是不同的了。由于在 1930 年人们还没有发现这种中性粒子,因为没有实验证明,卢瑟福被迫假设这种中性偶极子是由一个电子和一个质子组成的束缚对。太巧了,这正是爱丁顿假设的四个质子变成一个氦原子核。他把两个电子和四个质子放进原子核中,这样氦原子核的净正电荷的数目就等于 2!

1932 年詹姆士·查德威克(James Chadwick)打开了这个基本问题的大门。查德威克是卢瑟福在曼彻斯特大学的学生,并于 1919 年随导师一起转到剑桥大学的卡文迪许实验室。在卡文迪许实验室紧张的创新时期,他成了卢瑟福信任的助手。1932 年约里奥(Joliot)和居里(Curie)发表了论文,他们观察到了 α 粒子入射到铍产生碳并产生强烈的 55 MeV"伽马射线"的证据。查德威克和卢瑟福立刻意识到这个结果一定是错误的;该伽马射线的能量太高了,他们怀疑在这个过程中中性粒子一定参与其中了。几周之后,查德威克便给出了如下反应。

$$^9\text{Be} + ^4\text{He} \longrightarrow ^{12}\text{C} + ^1\text{n},$$

右边的粒子是中性粒子,查德威克将其命名为中子。查德威克确定了中子与质子的质量比为 1.009 0(现代值为 1.008 5)。这种中性粒子能穿透铅。由于这项发现,1935 年查德威克获得了诺贝尔奖。有了这个发现,基本粒子的数目已经增至 3 个了:电子、质子和中子。现在人们就能够解释元素的同位素了。

元素的同位素在原子核中有相同数量的质子数,但有不同数量的中子数。

超新星的起源

122　　　中子被发现一年后，巴德和兹威基（如图 10.1 所示）发表了一篇论文，这是所有天文学文献中意义非凡的论文之一。事情是这样的。1933 年 12 月在美国加利福尼亚州斯坦福大学举行的美国物理学会的会议上他们共同提交了一篇论文。该论文的摘要于 1934 年 1 月在物理学会的杂志《物理评论》（*The Physical Review*）上发表了。这是现在公认的在物理学和天文学史上最具先见之明的论文之一。下面我们转载这篇论文的摘要。

1934 年 1 月 15 日《物理评论》第 45 卷

超新星和宇宙射线

巴德、兹威基

　　　在几个世纪中，每一个恒星系统（星云）都会爆发超新星。一颗超新星的寿命约为二十天，它的最大绝对亮度可能是 $M_{vis}=-14$ 等。超新星在可见光波段的辐射 L_V 约为我们太阳辐射的 10^8 倍，$L_V=3.78\times10^{41}$ erg/s。计算表明，它的总辐射（包括可见光和不可见光）约为：$L_T=10^7L_V=3.78\times10^{48}$ erg/s。

　　　因此超新星在一生中发出的总能量为 $E_T\geqslant10^5L_T=3.78\times10^{53}$ erg。如果超新星最初是相当普通的恒星，其质量为 $M<10^{34}$ g，$\dfrac{E_T}{c^2}$ 是与 M 本身同数量级的。在超新星爆发过程中，质量整体湮灭。此外，该假想认为宇宙射线是由超新星爆发产生的。假设在每个星云中每一千年出现一颗超新星，那么在地球上观测到的宇宙射线的强度应该是 $\sigma=3\times10^{-3}$ erg/(s·cm^2)，而实际观测值大约是 $\sigma=2\times$

10^{-3}erg/(s・cm²)［见密立根(Millikan)、雷格纳(Regener)的论文］。

尽我们所能，我们率先提出超新星代表了普通恒星转变成中子星的过渡阶段。在最后阶段，中子星是由中子极端紧密地堆积在一起而形成的。

图 10.1　左边是弗里茨・兹威基，右边是沃尔特・巴德

这篇论文太卓越了，特别是关于密度的这个绝妙的想法！

- 它首次声称超新星是一个独特的天体类型。
- 它首次引入超新星这个名字。
- 它正确地估计出超新星释放的总能量，尽管推理是错误的。

人们可以说他们通过错误的推理得到了正确答案！

- 它为研究宇宙射线是如何产生的提供了一个理论设想。
- 它给出了中子星这个概念。
- 它建议用超新星代表普通恒星转变成中子星的过渡阶段。

我希望大家能够对此有深刻的印象！先让我们试着去了解一下最后这一点。他们的基本想法如图 10.2 和图 10.3 所示。

123

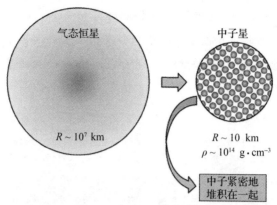

图 10.2　中子星和普通恒星

注：质量是太阳质量的若干倍，半径大约是 10^7 km 的气态恒星爆炸并变为一颗中子星。因为恒星基本上是由氢组成的，最初的恒星由大约 10^{57} 个质子和相等数量的电子组成。根据巴德和兹威基的观点，所有这些质子都转变为中子了！一颗中子星就像一个巨大的原子核，这些中子几乎互相紧挨着。在这样的条件下，物质的密度将达 10^{14} g/cm³。这确实是原子核的密度！

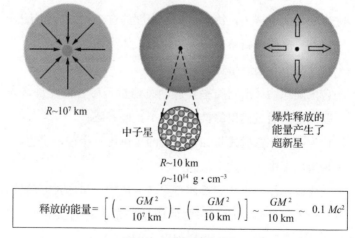

$$释放的能量 = \left[\left(-\frac{GM^2}{10^7\ km}\right) - \left(-\frac{GM^2}{10\ km}\right)\right] \sim \frac{GM^2}{10\ km} \sim 0.1\ Mc^2$$

图 10.3　超新星爆发过程

注：当一个与太阳质量相当的中子星形成时，它所释放的引力势能是其静止质量能量的 10%！巴德和兹威基推测这种能量释放引起了超新星爆发。

巴德和兹维基意识到在那个过程中不仅有巨大的能量被释放了出来，而且这些能量必须在短时间内被释放。这排除了在恒星内以稳定的方式产能这一标准过程。他们不知道应该进行的过程是什么，但对他们来说这并不重要。快速释放能量的一种方式是恒星突然塌缩到一个半径很小的状态。也就是说，恒星的原始半径约为 10^7 km，最后的半径约为 10 km。在这个过程中释放出的引力势能应该是

$$\Delta E = (\text{引力势})_{初始} - (\text{引力势})_{终了}。 \tag{10.1}$$

回想一下质量为 M、半径为 R 的天体的引力势能是 *124*

$$\text{引力势能} \sim -\frac{GM^2}{R}。 \tag{10.2}$$

因此，恒星爆炸时释放出的能量为

$$\text{释放的能量} = \left\{ \left(-\frac{GM^2}{10^7 \text{ km}} \right) - \left(-\frac{GM^2}{10 \text{ km}} \right) \right\} \sim \frac{GM^2}{10 \text{ km}} \sim 0.1Mc^2。$$

$$\tag{10.3}$$

在公式(10.3)中，最后一步可以通过 $\frac{GM^2}{R}$ 乘和除以 c^2 得到，其中假设 $M \sim M_\odot$。因此，释放出来的引力势能大约是中子星静止质量能量的 10%。如果该恒星质量的 10% 湮灭掉，就可以得到这个能量！

在继续往下讲之前，让我们尝试理解一下公式(10.3)的结果，并与爱丁顿关于恒星如何产生它们辐射的能量的想法联系起来。1920 年，爱丁顿推测一定是元素的嬗变，为太阳和恒星提供了能量，*125* 具体而言就是氢转变成氦。大家可能记得他是因在剑桥大学卢瑟福实验室工作的阿斯顿的实验发现而得到这样的结论的。阿斯顿的兴趣是准确测量原子的质量。他的重要发现之一是他发现四个氢原子核的质量比氦原子核的质量大。爱丁顿认为如果四个质子聚合成氦原子核，那么按照爱因斯坦公式这个亏损的质量将转化成能量。

$$E = \Delta Mc^2 \, \text{。}$$

让我们仔细核实一下。四个质子的质量是 $4 \times 1.008\ 1\ m_u$，而 ^{4}He原子核的测量质量是 $4.003\ 9\ m_u$。这意味着如果氦原子核确实是由四个质子聚合产生的，那么每产生一个氦原子核，大约有 $2.85 \times 10^{-2}\ m_u$ 的质量消失。通常

$$\Delta M = 2.85 \times 10^{-2} m_u$$

被称为质量亏损。$E = \Delta mc^2$ 被称为氦原子核的束缚能。这种束缚能是因核力（该力把核子束缚在一起）而产生的。如果没有这种强烈的束缚，原子核就会被质子之间的库仑斥力破坏。这个亏损质量大约是氢原始质量（四个质子的质量和）的 0.7%，对应大约 26.5 MeV 的能量。这就是聚合成一个氦原子核所释放的能量。相反地，如果我们想把一个氦原子核分开，这就是我们必须要耗费的能量。如果质量为 M 的氢转化为氦，那么释放出的能量就是 $0.007\ Mc^2$。太阳的质量为 2×10^{33}g，其中大部分是氢元素。将大部分的氢转化为氦，就可以产生约 10^{52} erg 的能量。它辐射能量的效率（它的光度）是 4×10^{33} erg/s。因此，太阳利用这个亚原子能源可以轻松地发光 10^{11} 年。这是爱丁顿的想法。

中子星在形成过程中释放的能量也是束缚能。但该束缚能是因引力而产生的。在这种情况下，人们也可以说质量亏损。用引力来度量，由此产生的中子星的质量是小于中子质量的总和的。这个质量亏损大约是中子质量总和的 10%。当四个质子聚合在一起，其质量亏损仅占四个质子质量之和的 0.7%。因此，在中子星形成过程中释放出的能量是远远大于在聚变反应中释放出的能量的。基本上，这就是巴德和兹威基的想法。如果这个能量在短时间内被释放，那么人们就可以解释超新星的能源问题了。

对在中子星的形成过程中释放的引力束缚能远远超过了核束缚能这个结论，大家可能会有点惊讶。毕竟，大家认为引力是强相互作用核力的 $\frac{1}{10^{40}}$！当然，这是真的。当我们处理一个原子核内的几个粒子时，和引力相比，核力起着支配作用。但是，当我们处理由 10^{57} 个粒子组成的一个巨大的核的时候，引力就遥遥领先了。我们上小学时就被告知，太阳是地球最根本的能量来源。同样，在天文学中的大多数情形中，引力是最根本的能量来源。

现在我们理解了巴德和兹威基提出的关于观测到的超新星的产能方面的一些想法，让我们接着来看他们的下一步议题。如果像我们的太阳一样的恒星(半径为 10^6 km，平均密度为 1.4 g/cm³)塌缩成半径为 10 km 的天体，这样的天体的密度将是 10^{14} g/cm³ 的若干倍(因为密度是反比于 R^3 的，半径降为原来的 $\frac{1}{10^5}$ 将意味着密度增加 10^{15} 倍)。这样一个难以置信的密度可能听起来很荒谬。但是，我们的身体都是由原子组成的，原子核的密度约为 2.5×10^{14} g/cm³。也许大家不知道这一点。从元素周期表中选取你们喜欢的元素，用其质量除以体积，估算一下原子核的密度吧，大家就会获得上述数值！大家要让自己信服哦。事实上，我们的平均密度是接近于水的密度的，这是因为密度超级大的原子核之间的平均距离是非常非常大的，这也是我们会漂浮在水中的原因。原子之间的平均距离大约是 10^{-8} cm，而原子核的直径大约是 10^{-13} cm。下一步就容易了。如果把恒星压缩成具有原子核密度的小球体，那就会得到一个超级大的核，其半径为 10 km，而不是 10^{-13} cm！

然而，由于在我们的原始恒星中，氢是最丰富的元素，所以这样一个超级大的核主要是由质子组成的。但是巴德和兹威基谈到的是中子星并不是质子星。他们不仅没有给出任何理由，而且对此保持沉默！质子是如何以及为什么将自己转化为中子的？大家可能会说这是一个小问题。爆炸的结果无论是形成中子星还是质子星，其质量和大小都是一样的，所以释放的引力势能也是相同的。因此，相对于大家关注的超新星起源而言，这个超级大的核是中子星还是质子星真的没关系。

在讨论了巴德和兹威基这篇具有重要历史意义的论文中的绝妙想法后，也让我们说说它的一些薄弱点。

1. 正如上面提到的，他们没有给出任何理由来解释为什么爆炸的结果将是形成一个中子星。事实上，在 1933 年，关于物质中子化的物理机制尚未被发现。

2. 巴德和兹威基没有给出任何理由来说明为什么恒星会爆炸。当然，一种可能性是恒星是一颗失败的白矮星。如果它的质量超过钱德拉塞卡极限质量，那么它将别无选择，只有超越白矮星阶段继续塌缩。但他们的论文没有引用钱德拉塞卡的开创性发现！

3. 对于发生这样的塌缩的时标，他们也没有进行任何讨论。要解释超新星现象，这是非常关键的。到 20 世纪 60 年代，这种爆炸的细节才变得清晰起来。

所以，巴德和兹威基的论文在很多方面基本是瞎猜的。但是，重要的是他们非凡的预言现在已经被观测证实了。现在我们知道超新星预兆着中子星的诞生！巴德和兹威基对于许多细节的考虑可能恰好使用了错误的理由，但他们的结论是正确的！

物质的中子化

如上所述，查德威克在 1932 年发现了中子。在这个时候，人们对将原子核束缚在一起的力的本质还不清楚。放射性的正式理论，也被称为 β 衰变，是在 1934 年由费米建立的。让我们简要回顾一下费米理论的基本思想。在 β 衰变中，放射性原子核发射 β 射线(电子)。费米认为这是原子核内中子衰变为质子、电子和反中微子导致的。

$$n \longrightarrow p + e^- + \bar{\nu}。$$

大家可能还记得泡利曾推测在这个衰变中必须释放出一个中性粒子。在查德威克发现了重的中性粒子(他称之为中子)之后，费米称这个在 β 衰变中释放出的轻的中性粒子为中微子。中微子是我们太阳能源故事中的一个核心角色。在原子核内并不存在电子和中微子。根据费米的理论，就像在原子中当一个电子从更高的能级跃迁到低能级时就会自发地产生光子一样，当一个中子衰变时中微子就自发产生了。费米对理论物理和实验物理都做出了意义深远的贡献。他的 β 衰变理论也许是他最重要的理论发现。有趣的是，他关于该发现的论文被著名的英国期刊《自然》(*Nature*)拒稿了，因为该杂志认为该论文离现实太遥远了! 费米的论文在 1934 年在德国期刊《物理学杂志》(*Zeitschrift für physik*)上发表了。五年后，由于费米的研究工作已经被人们广泛地接受了，故该成果最终在《自然》上发表。

129

在放射性衰变中，我们一直在讨论因为一个中子转换为质子(伴随着电子和中微子的逃逸)，所以原子核的电荷增加了一个:

$$(A, Z) \Rightarrow (A, Z+1) + e^- + \bar{\nu}。$$

在上述反应中，A 是原子质量，Z 是原子电荷。还有另一类 β 衰变被称为逆 β 衰变或电子俘获。在费米发现了 β 衰变理论后不久，电子俘获理论很快就由詹卡洛·维克(Giancarlo Wick)首次提出了。维克是在罗马与费米一起工作的众多的年轻聪明的学生中的一个。图 10.4 解释了电子俘获过程。大家应该记得在你们原子物理学课程中，最内层的电子层（称为 K 层）可容纳两个电子。在重元素中，原子核吞并了 K 层中的一个电子，那么原子核内一个质子就转变为一个中子。在这个过程中释放出一个中微子。注意，此时在 K 层留下了一个空位，而一个更高能级的电子会跃迁到 K 层。能级差的能量会以软 X 射线的形式发射出来。要探测该软 X 射线是很困难的，因为它们很容易被吸收。但它们最终在 1937 年被路易斯·阿尔瓦雷茨（Luis Alvarez）探测到了，从而证实了电子捕获这个想法。他首先成功地在钒-48（${}^{48}_{23}V$）中探测到了软 X 射线，随后在其他重元素中也探测到了。

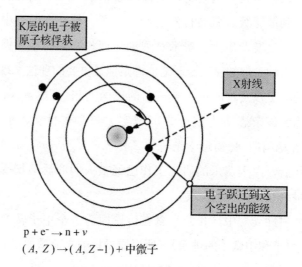

$$p + e^- \rightarrow n + \nu$$
$$(A, Z) \rightarrow (A, Z{-}1) + 中微子$$

图 10.4　逆 β 衰变或电子俘获

注：中性原子 K 层的一个电子被原子核吞并。原子核内的一个质子与这个电子相互作用后就变成了一个中子。在这个反应过程中会释放出中微子。当外层电子跳跃到 K 层上的这个空位时，就可以实际探测到发射出来的一种软 X 射线光子。

费米和维克的这些想法在 1936 年被物理学家亨德(Hund)进一步拓展。他指出，即便电子不是"束缚电子"，逆 β 衰变的这个过程也会发生。换句话说，如果我们有由质子和电子组成的费米气体(正如白矮星中的那些)，假如密度是足够大的，那么逆 β 衰变就会发生。

大质量恒星的中子核球

上面提及的想法为一篇相当卓越的论文奠定了基础，该论文的标题为"恒星能量的来源"("Origin of Stellar Energy")，该论文是由最杰出的俄罗斯理论物理学家列夫·达维多维奇·朗道(Lev Davidovic Landau，见图 10.5)1938 年发表在《自然》杂志上的。这篇有预见性的论文正是由物理学家玻尔转交给《自然》杂志的。但这是一个不同的故事。

图 10.5　列夫·达维多维奇·朗道

130   有正确理论观点支持的中子星的概念可以追溯到这篇论文，
它大概只有半页纸那么长！当朗道撰写这篇论文时，恒星能量的
131   来源仍然是一个谜；贝特是在那年之后才解决了该问题的。朗道
发明了中子星来解决这个问题。朗道的论文分为两部分。在第一
部分中，他认为，当密度非常大时，非常有利于物质以中子态存
在。他接着说，如果在恒星的核心存在这样的中子核球，那么它
可以直截了当地解释为何太阳会持续发光数十亿年。让我们先尝
试理解这个中子态的想法（见图 10.6）。

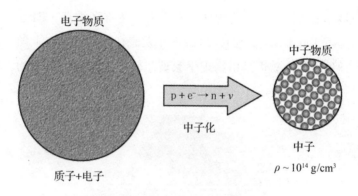

图 10.6   高密度时物质的中子化过程

注：这个图解释了朗道关于在密度超过一个临界密度（约为 10^{11} g/cm³）时物
质如何中子化的想法。虽然这个过程是吸热的，但是由于核球的收缩所释放的引
力势能将补偿中子化过程所消耗的能量。

正如大家所知，物质由原子组成，而原子又由原子核和电子
组成。这是大家所熟悉的。朗道称它为物质的电子状态。到目前
为止，在我们对气态恒星和白矮星的讨论中，我们相当合理地假
设恒星的物质也是电子类型的。正如我们在前面几章看到的，当
密度变大时，电子会变成简并状态的。由于简并压是巨大的，物

质变得几乎不可压缩。这就是为什么白矮星是稳定的。朗道认为如果电子与原子核结合形成中子，那么所得的物质会有更大的压缩性，因此能拥有较大的密度。这一过程的最终结果是形成简并的中子气体，其中所有的原子核都与电子结合形成了中子。很容易理解为什么这样的物质最初会是松软的或可压缩的。当电子渐渐消失时，电子的简并压会减小（因为这种压强是由密度决定的）。结果是，物质的可压缩性就增强了。这是真的，因为中子也服从费米—狄拉克统计分布，它们也会产生压强。但是正如我们早些时候所讨论过的，由于中子的质量大，非相对论性中子（或质子）的压强将是电子压强的 $\dfrac{1}{2\,000}$。只有当密度达到 $10^{14}\,\mathrm{g/cm^3}$ 时，中子的压强才会变得相当可观。当达到这个密度时，中子物质也就变得不可压缩且稳定。

　　但是在我们刚才所说的事情中有一个隐情。反应式 $\mathrm{p+e^-\to n+\nu}$ 是强吸热反应。这就是说，要让这个反应得以发生我们必须供应能量。将 1 g 电子物质转化为中子物质会耗费我们 $7\times10^{18}\,\mathrm{erg}$ 的能量。这就是为什么中子物质在正常情况下是不合时宜的。但这也是个好事！否则，我们所熟悉的原子将不复存在。我们也将不再存在。朗道极为聪明。他认为，当天体的质量非常大时，其从引力场得到的能量会去补偿变成中子态时内部能量的损失。

　　现在让我们来看看朗道的论文的第二部分。朗道的主要目的是为恒星的持续产能找到一个机制。此时，让我们假设每一颗恒星都有一个中子核球。因为中子核球表面存在巨大的引力（$GM_{核}/R^2_{核}$），在这个核球外面的原子会掉下来，而且会不断地被加速达到一个很高的速度。当这些原子撞到中子核球表面时，其巨大的动能将

132

转化为热能。由于碰撞时的动能大约是静止质量能量 Mc^2 的 10％，以热能形式释放的这个能量也将是相同量级的。根据朗道的想法，在这种情况下，最终的能量来源是中子核球的强大引力。因此，巴德和兹威基，以及朗道，都想到了相同的能量来源，而巴德和兹威基认为在中子星形成过程中产生超新星时能量瞬间就释放出来了。

形成中子星后，朗道认为中子星以吸积正常物质到它上面这种平稳的方式产生能量。

但是，最重大的问题是：恒星中心的中子核球是如何产生的？大家可能还记得之前我们对巴德和兹威基观点的批评。我们说，*133* 他们没有给出任何理由说明为什么恒星会爆炸形成中子星。但朗道已经解释了这一问题！1932 年，在《自然》上发表他的论文之前，朗道已经独立地发现了电子简并星的钱德拉塞卡极限质量。与钱德拉塞卡两年前(1930 年)做的类似，他也得到了大约为 $1.5M_\odot$ 的极限质量。朗道在那篇论文里明确指出"对质量 $M>1.55M_\odot$ 的白矮星，根据量子力学理论，没有任何理由可以阻止它塌缩成一个点"。五年之后，物理学的发展使得朗道能够宣布这样的塌缩会达至平衡而它会成为中子核球。

在进入第 11 章讲述这个非凡的故事之前，我来告诉大家几个观测结果。

·1932 年，在自己独立地发现钱德拉塞卡极限后，朗道把它扔到一边了！我们引用他的那篇论文：

在现实中，这样质量的白矮星($M>1.55M_\odot$)静静地存在而且不会显示出任何荒谬的倾向，所以我们必须得出结论，

那就是质量 $M>1.55M_\odot$ 的白矮星内肯定会有一些区域，在那儿量子力学(和量子统计)的定律会被违反。

像爱丁顿和米尔恩一样，即使是伟大的朗道也犯了同样的错误！

·朗道没有解释为什么像太阳这样质量小于临界质量的恒星会拥有一个中子核球。在他 1938 年发表的论文中他承认了这个难题。

·我们现在知道恒星是通过将氢转变为氦产生能量的。爱丁顿在 1920 年就推测出了这一点，而且贝特在 1938 年给出了所有细节。但是最后的证明是在 2000 年太阳中微子之谜被解决后才给出的(大家可以在本系列著作的第一本《恒星的故事》中找到详细的讨论)。巧的是，朗道的机制并不是恒星能源起源的正确答案。但是，正如我们将在本系列著作的下一本《中子星和黑洞》中看到的，图 10.7 中所示的朗道机制是在不同场合下的正确的解释！现在大家已经知晓双星系统中有大量的中子星，而且它们有气态伴星。引力强大的中子星将伴星的物质拖曳过来。当这些物质被吸积到中子星的表面上时，中子星就变成了一个非常强大的 X 射线源。现在被广泛接受的是，这些 X 射线的产生机制与图 10.7 所示的朗道机制完全相同。有趣的是，这个观点在 1964 年被另一位名叫泽尔多维奇(Ya. B. Zeldovich)的俄罗斯天才重新提出。

134

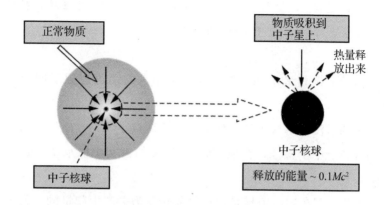

图 10.7 恒星中产生能量的朗道机制

中子星的最大质量

朗道的杰出论文立即引起了另一个杰出物理学家的关注。他就是罗伯特·奥本海默(J. Robert Oppenheimer)(如图 10.8 所示)。奥本海默是加州大学伯克利分校的一位教授,同时也是加州理工学院的教授。朗道估算中子星的质量可以是 $0.001M_\odot$ 那么小,这令奥本海默十分着迷。他和他的同事罗伯特·塞伯(Robert Serber)苦思冥想,最后得出的结论是朗道搞错了!把他们的研究结果写出来并投稿给《物理评论》后,奥本海默开始思考另一个问题。朗道想知道中子星的最小质量是多少,而奥本海默想知道中子星的最大质量是多少。现在我想说说奥本海默和他的学生沃尔科夫(Volkoff)是如何回答这个问题的。

图 10.8　罗伯特·奥本海默

　　理解中子星的稳定性可采取与理解白矮星的稳定性相类似的
方法。我们看到，在白矮星中向内拉拽的引力与电子简并压力相
平衡。在中子星中，引力与中子简并压力相平衡。虽然在白矮星
那样的密度情形中，中子的压力是可以忽略不计的，但是当密度
增加到 10^{14} g/cm³时，中子的压力足以抵抗引力。因此，为了建立
各种质量的中子星模型，我们可以简单地将钱德拉塞卡的白矮星
理论应用到中子星中。

135

　　如果我们想要改编钱德拉塞卡的理论，根据以下方程我们就
会理解中子星的稳定性了：

$$\frac{\mathrm{d}P}{\mathrm{d}r}=-\frac{GM\rho}{r^{2}}, \tag{10.4}$$

此处中子的压强由下式给出

$$P_{\text{简并}}=K_{1}\rho^{\frac{5}{3}}, \tag{10.5}$$

$$K_{1}=\frac{1}{5}\left(\frac{3}{8\pi}\right)^{\frac{2}{3}}\frac{h^{2}}{m_{n}}\frac{1}{(\mu_{n}m_{n})^{\frac{5}{3}}}。 \tag{10.6}$$

式(10.4)是流体静力学平衡方程，之前，在式(6.1)中我们曾遇到过。式(10.5)和式(10.6)相应地与式(6.10)和式(6.11)在结构上是相同的。电子气体的压强表达式中的比例常数 K_1[见式(6.11)]与中子气体表达式中的 K_1[见式(10.6)]在两个方面略有不同：

(i)在分母中中子的质量取代了电子的质量；

(ii)每个中子的平均分子量 μ_n 取代了每个电子的平均分子量 μ_e。对电子而言，我们假定 μ_e 为 2；对中子而言，我们必须取 $\mu_n=1$。

136 后一点很容易看出来。当我们将电子的数密度转换为质量密度时，我们引入了 μ_e。要做到这一点，我们必须乘和除以每个电子对应的质量。每一个原子都有 A 个重粒子和 Z 个电子。所以，每个电子对应的物质质量是 $\frac{A}{Z}m_p$。我们认为 $\frac{A}{Z}\approx2$（氢除外）。因此，每个电子对应的质量是 $2m_p$，并且 $\mu_e=2$。对于纯中子气体而言，要把数密度转化为质量密度，我们只需简单地乘和除以中子的质量。换言之，$\mu_n=1$。

钱德拉塞卡的中子星理论

要获得中子星的质量—半径关系可以采用之前我们研究白矮星的质量—半径关系时使用的方法[见得到式(6.15)的步骤]。毫不奇怪，我们会得到与白矮星的关系式[式(6.13)]相同的关系式：

$$R=\left(\frac{K}{0.424G}\right)\frac{1}{M^{\frac{1}{3}}},$$
$$R\propto M^{-\frac{1}{3}}。 \qquad (10.7)$$

当然，比较一下就可以看出式(6.11)和式(10.6)的比例常数是不同的。为此，一个太阳质量的中子星的半径将远小于相同质量的白矮星的半径。使用式(10.6)和式(6.11)，可以得到中子星的半径与同一质量的白矮星的半径的比值：

$$\frac{R(中子星)}{R(白矮星)}=\frac{(K_1)_{中子星}}{(K_1)_{白矮}}=\frac{m_e}{m_n}(\mu_e)^{\frac{5}{3}}。$$

大家还记得中子质量是电子质量的 2 000 倍，$\mu_e=2$ 吧？大家可以很容易地验证一个太阳质量的中子星的半径大约是 15 km（而白矮星大约是 10^4 km，太阳大约是 10^6 km）。

中子星的"钱德拉塞卡极限质量"

我们知道，因为钱德拉塞卡假设电子是非相对论性的，所以他关于白矮星的原始理论仅仅只是一个近似。如果考虑狭义相对论效应的影响，就会得到如下极限质量：

$$M_{\mathrm{Ch}}=0.197\left[\left(\frac{hc}{G}\right)^{\frac{3}{2}}\frac{1}{m_p^2}\right]\times\frac{1}{\mu_e^2}=5.76M_\odot\times\frac{1}{\mu_e^2}。$$

假定 $\mu_e=2$，我们就得到了众所周知的结果 $M_{\mathrm{Ch}}=1.4M_\odot$。以类似的方式，把钱德拉塞卡的理论应用于中子星，就可以预测出中子星的极限质量，它可由相同的表达式给出，且 $\mu=1$：

$$M_{\mathrm{Ch}}(中子星)=0.197\left[\left(\frac{hc}{G}\right)^{\frac{3}{2}}\frac{1}{m_p^2}\right]=5.75M_\odot \tag{10.8}$$

达到这个极限质量时，中子星将是完全相对论性的，它的半径将是零。

广义相对论中的中子星

如果大家是细心的读者，大家会注意到，钱德拉塞卡的白矮星理论是一个精确的理论，它涉及量子统计的处理和速度达到狭义相对论要求时的质量变化。但对于引力，他采用了牛顿定律。在流体静力学平衡方程（10.4）中可清楚地看到这一点。

爱因斯坦的引力理论（由广义相对论所描述）和牛顿理论的本

质区别是，在爱因斯坦的理论中，所有形式的能量都归结到引力上。因此，内能也是一个引力源。

在指出这一点后，我要补充的是我们用牛顿的引力定律来处理白矮星是非常合适的。可以这么说，对相对论性电子气体而言，电子的动能与电子的静止质量能量是相当的。这是我们说电子是相对论性的含义。但是电子气体的内能与原子核的静止质量能量相比是非常小的，而原子核则是构成了恒星质量的主要部分。因此，在白矮星中，引力效应是由原子核的静止质量决定的；电子能量对引力的贡献是微不足道的。这就是为什么牛顿的理论非常适合描述白矮星的引力。

138 但是当我们讨论一个大质量的中子星时，情况就完全不同了。此时人们期望中子是相对论性的，就正如在大质量白矮星中的电子是相对论性的一样。对相对论性中子气体，中子的动能可与中子的静止质量能量相当。因此，中子的内能将以显著的方式影响引力。如果是这样的话，流体静力学平衡方程(10.4)的右侧应该做一些修改，把广义相对论效应考虑进去。

奥本海默认识到了这一点并做了必要的修改。因为我们将在随后的《中子星和黑洞》中详细讨论所有的这些内容，所以我们不会在这里停留。小结一下，为了得到中子星的最大质量，奥本海默和沃尔科夫重复了钱德拉塞卡的计算，但是有两处修改：

1. 他们用的是中子的简并压强，而不是电子的。
2. 他们用爱因斯坦的理论来描述引力。

剩下的只是烦琐的计算。年轻的沃尔科夫认真仔细地完成了这项任务。他们的结论在1938年发表，可以用示意图10.9来说明。

奥本海默和沃尔科夫通过他们的研究工作得出了以下结论：

- 中子星的最大质量为 $0.7M_\odot$。
- 这样质量的中子星的半径约为 10 km。
- 最大质量的中子星的中心密度将是 5×10^{15} g/cm^3。

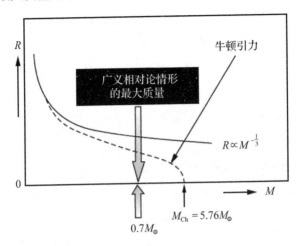

图 10.9　中子星的极限质量

注：奥本海默和沃尔科夫认为中子星本质上就是由中子构成的。关于中子的压强，他们使用了钱德拉塞卡给出的理想费米气体的状态方程。图中实线是质量—半径关系，他们假设中子是非相对论性的，并使用牛顿引力得到了该结果。通过这个关系可以预测一个太阳质量的中子星的半径大约是 15 km。虚线是将钱德拉塞卡关于白矮星的精确理论应用到中子星上得到的，它预言中子星的最大质量是 $5.76M_\odot$。这个质量的中子星将是完全相对论性的，并且具有零半径。奥本海默和沃尔科夫修改了钱德拉塞卡对引力的处理方法，把广义相对论效应考虑了进来。根据他们的计算，中子星的极限质量应该是 $0.7M_\odot$。

他们的结果有几个要点值得推敲。

1. 大家可能会惊讶，质量最大的中子星的半径是有限的。相反，质量最大($1.4M_\odot$)的白矮星的半径等于零！当白矮星的质量为钱德拉塞卡极限质量时，电子将是完全相对论性的；所有电子

的速度几乎等于光速。这就是中子星的最大质量小于中子星的钱

139 德拉塞卡极限($5.76M_\odot$)的一个原因了。质量等于 $5.76M_\odot$ 的中子星将会是完全相对论性的，而且会有零半径。但是在质量为 $0.7M_\odot$ 的中子星中，中子仅仅是轻度的相对论性的。这就是为什么它有一个有限的半径了。

2. 最大质量小于 $5.76M_\odot$ 的原因是奥本海默和沃尔科夫用广义相对论处理引力。如前所述，在广义相对论中，内能也能归结到引力上。因为在广义相对论中引力更强，所以较小的最大质量是我们所期望的。

3. 由于中子星在质量最大时有一个有限的半径，人们可以问以下问题：如果我们增加中子星的质量以致其超过最大质量，那将会发生什么？换个略微不同的方式问，"在什么意义上它是最大

140 质量呢?"答案如下。一颗中子星要保持稳定，其中心密度应该随着质量的增加而增加。这个条件一直得到满足，直到达到最大质量；但如果超过最大质量，这个条件就被违背了。换句话说，质量超过最大质量的中子星是不可能稳定的。我们将在这个系列著作的下一本中更仔细地讨论这个问题。

4. 奥本海默意识到他们得出的关于最大质量的结果只能被视为一个近似。这是因为他们忽视了中子之间的核相互作用力的影响。他们把中子视为一种理想的费米气体。回想一下，在理想气体中粒子之间相互作用的能量与粒子的动能相比可以忽略不计。在中子实际上是彼此接触的高密度情形中，这可能不是一个很好的近似。但在 1938 年，核力的本质还没有完全被人们理解。大家甚至还不太清楚在中子星的密度下核力是吸引力还是排斥力。奥本海默的直觉告诉他，在非常短的距离内，核力可能是排斥力（我

们现在知道他是正确的)。如果核力在很短的距离内是排斥力,那么它将有助于支撑质量更大的中子星,这个质量比简并压本身所能支撑的质量更大。这种直觉使奥本海默和沃尔科夫猜测,当适当地考虑核力后,中子星的最大质量可能是太阳质量的几倍。七十年后,大家已经相信中子星的最大质量大约是太阳质量的 2 倍。

(另外,这里有一个有趣的地方值得讨论。钱德拉塞卡也认为白矮星的电子可以被视为理想费米气体。在白矮星那样高密度的条件下,人们会预计电子间的库仑相互作用是相当显著的。但为什么钱德拉塞卡并不担心呢? 他不必担心! 现在我要告诉大家答案,并让大家思考一下。高密度的电子气体可以被视为理想气体的原因是,电子气体具有特殊的性质,在密度增加时它会变得更为理想! 但这对中子气体并不适用。我们将在下一本书中继续讨论。)

正如 1938 年的论文所述,图 10.10 总结了关于恒星最终命运的结论。

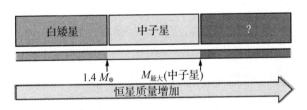

图 10.10 这个图总结了 1938 年论文的结论

黑 洞

中子星的最大质量的发现很自然地使奥本海默思考了一个问题:"不能像中子星那样找到平衡的质量巨大的恒星的最终命运是什么?"就像几年前的钱德拉塞卡,奥本海默也猜测:要么在非常高密度的情形中费米状态方程必须失效，要么恒星将继续无限收缩且永远也达不到平衡状态。

在 1939 年，奥本海默和斯奈德(Snyder)(他的另一个优秀学生!)在这些选项中进行选择。他们仔细研究大质量恒星的爆炸后做出了抉择。当然，他们不得不对恒星做某些简化性的假设。他们假设恒星是球形的和非旋转的。在做出这些假设后，斯奈德在爱因斯坦的广义相对论框架内用数学中的精确方法做了计算。他们的结论是惊人的! 描绘他们所发现的结果的影响的最好的方式就是引用他们具有重要历史意义的论文中的结语:

> 当所有的热核能源耗尽后，质量足够大的恒星将会坍塌。这个收缩将不断地继续下去，直到恒星的半径渐近地接近其引力半径。从恒星表面出来的光会逐渐变红并且只能在逐步收窄的角度范围内逃离，直到最终该恒星关闭了自己与遥远观测者的所有的联系渠道。只有它的引力场会永久存在。
>
> 奥本海默和斯奈德(1939 年)

简单地说，恒星将会变成黑洞!

奥本海默和斯奈德得出的这一结果，证实了钱德拉塞卡 1932 年的推断。让我们回想一下该预言:

142

> 对于质量大于 $M_{临界}$ 的所有恒星，其物质的理想气体状态方程不会被破坏，但其密度会变大，不过物质不会变成简并的。为避免形成中心奇点，即使求助于费米—狄拉克统计也是无济于事的。
>
> 钱德拉塞卡(1932 年)

奥本海默和斯奈德证实了爱丁顿的担心。让我们回忆一下 1935 年 1 月爱丁顿在英国皇家天文学会的一个重要会议上的讲话：

> 恒星不断地辐射能量并不断地收缩。我想，直到它的半径缩成几千米，此时引力变得足够强大足以在辐射场中支撑恒星，从而恒星终于可以寿终正寝了……
>
> 各种意外可能会干预并拯救恒星，但是我需要比那更多的保护。我认为应该有一个自然法则来阻止恒星的这种荒谬行为。
>
> 爱丁顿(1935 年)

如前所述，1939 年 7 月爱丁顿和钱德拉塞卡在巴黎进行了最后一次会面。借鉴了奥本海默和沃尔科夫的研究工作，钱德拉塞卡在会议闭幕时的发言中有如下一段话：

> 如果简并核球达到足够高的密度(对这些恒星而言这是可能的)，质子和电子将结合形成中子。这会使压强突然减小，从而导致恒星坍塌到中子核球上，释放巨大的引力势能。这可能是超新星现象的起源。
>
> 钱德拉塞卡(1939 年)

这就是 1939 年的问题的所在。图 10.11 是我们对前面几章中已经讨论了的精彩结论的极好总结。这些结论是由福勒、钱德拉塞卡、巴德和兹威基、奥本海默及他的学生斯奈德和沃尔科夫等人给出的。

143

在巴黎会议结束的几周后第二次世界大战爆发了。为了击败希特勒(Hitler)，我们前面见到的所有的伟大的物理学家都投身于战争。科研工作被中断了 6 年。

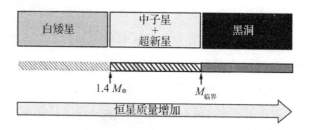

图 10.11　恒星的最终命运(这是 1939 年的图景)

钱德拉塞卡简介

图 10.12　苏布拉马尼扬·钱德拉塞卡(1910—1995 年)

　　这个系列著作中的这一本书正是在钱德拉塞卡的百年诞辰时　　*144*
写的。因此，特别适合把他的生活和工作的简要梗概也放入书中。
在非科学家中，有一种倾向是去想象科学家具有枯燥无味的个性，
这完全没有任何意义。为了消除这一点，我集中从以下几方面来
介绍他，重点介绍的不是他的科学研究，而是他的人格魅力。请
往下读！

　　钱德拉塞卡是他那个时代的传奇人物。1995 年 8 月 21 日当他
去世以后，醒目的且详尽的讣告出现在世界各地的主要报纸和杂
志上。遗憾的是，人们对他印象最深的是他早期对白矮星的研究
和他获得的迟来的诺贝尔奖，该奖晚到了 53 年！

　　但是钱德拉（大家这么亲切地称呼他）是一位相当伟大的人，　　*145*
不只是因为他的那些伟大发现。他是 20 世纪科学界的一位巨匠。
他 65 年来持续地创造和研究，并拥有丰硕的成果，极少有人能做
到这样。他的成就特色鲜明且具有持久性。鉴于他的成就和学识，
人们一直拿他和瑞利（Rayleigh）勋爵及伟大的数学家庞加莱（Henri
Poincaré）相比。作为一个数学物理学家，他被视为历史上最伟大
的科学家之一。

　　1910 年 10 月 19 日钱德拉出生。他出生在一个非常有文化氛
围的家庭中，家人都很有才华。18 岁正值青春韶华，他就奔入了
国际科学殿堂，那时正是他在印度马德拉斯的总统学院攻读理学
学士课程的第二年。那一年是 1928 年。1928 年 2 月，拉曼和他的
学生克里希纳发现了现在被称为拉曼效应的那个现象。那年夏天，
钱德拉去加尔各答看望他的叔叔拉曼爵士。印度科学促进会充满了
欢声，在那里拉曼有了伟大的发现。那时，康普顿（A. H. Compton）
刚刚被授予了诺贝尔奖，以表彰他发现的现在被称为康普顿效应

的那个成就。人们期望拉曼也可以赢得该奖。正是在这种高度紧张的气氛中，钱德拉写了他的第一篇科学论文，题目是"关于恒星内部康普顿散射的热动力学"（"Thermodynamics of Compton Scattering with Reference to the Interior of Stars"）。不久，他回马德拉斯后，伟大的德国物理学家索末菲访问马德拉斯。正是从他那儿钱德拉知道了物理学的新进展，特别是费米和狄拉克的新统计力学的发现。索末菲给了钱德拉一份他的论文，在其中他使用了新统计力学来解释金属中电子的行为。受此启发，钱德拉又找了另一个问题"应用新统计力学"。此时，新发现的康普顿效应提出了一个有趣的问题。在两个月内，他写了一篇题为"康普顿散射和新统计力学"的论文。不同寻常的是，他对自己的结果的重要性和正确性是如此的自信，以致他把论文寄给了剑桥大学的福勒教授，并请求他向皇家学会学报投稿。福勒照此做了，这篇论文几个月后就发表了。那时，钱德拉只有 18 岁。从那以后，他再也没有停下脚步。1930 年，当他取得学士学位的时候，他就已经在白矮星理论方面做出了卓越的贡献。

146　　　1930 年，钱德拉去剑桥大学当福勒的研究生。我们已经在第 6 章至第 8 章中讲述了这部分故事。1930 年至 1935 年这个时期是他学术生涯中最辉煌的阶段。他在这一时期写的论文现在已被人们广泛地接受并被作为当代天文学革命的基础。但不幸的是，那时它们没有被认可。正如我们所看到的，主要的原因是爱丁顿不相信钱德拉这些具有奠基性的发现。面对巨大压力，他发现自己与世界领先的天体物理学家处在争论的中心，钱德拉决定放弃恒星结构这个主题，将精力转移到其他事情上。他还决定离开剑桥大学。就在那个时候，芝加哥大学叶凯士天文台给他提供了一个

研究职位。当时，天文台的台长是著名的天文学家斯特鲁（Otto Struve）。他聘请了一些世界上最杰出的天文学家和天体物理学家，钱德拉便是其中之一。钱德拉一直留在芝加哥大学，直到去世。

已经决定放弃恒星结构这个研究主题后，钱德拉收集了他所有的成果并出版了一本书，《恒星结构研究概论》（*An Introduction to the Study of Stellar Structure*）。这本书被公认为是一流的杰作。那时他只有 28 岁。

下一步，他转向了星团的动力学问题。他研究这个问题的新奇的方法使一个新的研究领域诞生了，人们称之为恒星动力学。1942 年，大约是在他第一本书出版了大约 4 年后，他又出版了他的第二本书《恒星动力学原理》（*Principles of Stellar Dynamics*）。回顾过去，可以说这是一本非同寻常的书，在这个意义上说，钱德拉没有立即离开他的研究领域。他继续在这个领域写了一系列的论文，其中一些是与著名的数学家冯·诺依曼（John von Neumann）合作完成的，针对的是引力场的统计力学这一主题。正是在这些论文中他引入了动力学摩擦这个开创性的想法，并探讨了其影响。

之后的 1943 年至 1948 年，在这个时期，他专门研究了恒星和行星大气中的辐射转移这个极为困难的问题。令人难以置信的是，在这短短的几年时间里，他千方百计地得出了大量问题的精确解，当时这些问题已经困扰了人们近一个世纪，一直没有得到解决。钱德拉常说，他事业的这个阶段给了他人生最大的满足。他不朽的著作《辐射转移》（*Radiative Transfer*）在 1950 年出版。

在接下来的十年里，他把自己的注意力几乎完全集中到湍流的统计描述、流体动力学和磁流体力学的稳定性这些难题上。他

147

意识到，除非物理学的这些分支取得了巨大的进展，否则天体物理学中的许多有趣问题是无法得到解决的。他的巨著《流体动力学和磁流体力学的稳定性》(*Hydrodynamic and Hydromagnetic Stability*)于 1961 年出版。

在 20 世纪 60 年代初，他被邀请在耶鲁大学做一系列的四次讲座。他选择的讲座主题是"天体的转动"。在准备这些讲座时，他开始关注麦克劳伦(Maclauren)、黎曼(Riemann)、雅可比(Jacobi)及其他科学巨匠的经典作品。他意识到"不管怎么样，这个主题仍处于一个不完整的状态，其中有许多空当和遗漏，以及一些直白的错误和误解"。他接下来用了 6 年的时间把数学史上一些最伟大的人物遗留下来的不完整且极其困难的领域打理好了。他的成果体现在 1969 年他出版的《平衡态时的椭球体》(*Ellipsoidal Figures of Equilibrium*)这本书中。

大约在 1965 年，他对广义相对论感兴趣。相对论天体物理学的伟大革命还未开始。对于进入这个领域钱德拉非常惶恐，那时该领域由一些才华横溢的年轻新秀，如罗杰·彭罗斯(Roger Penrose)、史蒂芬·霍金(Stephen Hawking)等主导。他选择攻克的第一个问题很适合他的品位、才华和气质。他重新研究了他在剑桥时研究的一个问题，他曾经和伟大的数学家冯·诺依曼合作来解决这个问题，但他们并未写出论文。当第二次世界大战爆发时，冯·诺依曼在美国因为战争而变得忙碌起来。1964 年钱德拉重新思考了这个问题。这一问题可分成两部分：(1)考虑到恒星的稳定性，广义相对论的影响是什么？(2)引力辐射的耗散效应会引起转动恒星的不稳定性吗？这两个问题提得都很好，而且可以做深入解析，他是这方面的超级大师。对上述问题的研究产生了一系列论文，它们对脉冲星、类星体和活动星系核的发现具有重大意义。

接着，钱德拉转向研究引力辐射理论。正如大家所知，在牛顿的引力理论中没有引力辐射。爱因斯坦和他的合作者曾认为，引力辐射是广义相对论的天然结果，就像电磁辐射的存在是麦克斯韦电动力学的天然结果一样。但是他们仅仅只能用完整理论的一个近似版本证明它。所以我们有理由保持谨慎。太多的经验告诉我们，根据一个理论的近似版本得到的结果往往是虚假的。因此，并不是所有人都相信引力辐射存在。1964 年，赫尔曼·邦迪（Hermann Bondi）爵士（稳恒态宇宙理论的作者之一）写了一篇经典论文，其中，他给出了令人信服的论据说明引力辐射是爱因斯坦广义相对论的一个自然预言。钱德拉着手解决的问题如下：由于广义相对论包含了牛顿理论，并把它当作一个极限情况。如果物体的速度与光速相比非常小，那么人们就可以尝试把爱因斯坦的理论以 $\dfrac{v}{c}$ 的幂级数的形式展开，其中，牛顿理论是第一项：

$$\boxed{\text{广义相对论} = \text{牛顿理论} + \dfrac{v}{c}\text{量级的项} + \left(\dfrac{v}{c}\right)^2\text{量级的项} + \cdots 。}$$

当 $v \ll c$ 时，除了把右手边第一项保留外，右手边其他项可以统统舍弃。这样，我们就重新得到了牛顿的引力理论。随着速度的增加，相对论效应变得越来越重要。结果，人们将不得不保留越来越多的项，以期得到一个令人满意的引力理论。当 $v \sim c$ 时，人们就必须保留右手边的所有项。这种方法被称为后牛顿近似。让我们返回来看引力辐射。邦迪以精确的引力理论证明了存在引力辐射。这让人们开始思考一个有趣的问题。引力辐射是只存在于完整理论中，还是它已经出现在了完整理论的后牛顿近似之中？

148

换个方式说，当我们拥有 $\dfrac{v}{c}$ 的越来越高阶的项时，引力辐射会在某个阶段戏剧性地出现吗？钱德拉和他的一个学生亚武兹·纳库 (Yavuz Nutku) 随后便开始解答这个基本问题。两年内，他们证明了当考虑至 $\left(\dfrac{v}{c}\right)^{\frac{5}{2}}$ 这一高阶项时，存在引力辐射。这一结果在广义相对论界产生了巨大影响。那时，钱德拉 60 岁！

149   就在那个时候，相对论天体物理学已经诞生了。彭罗斯和霍金发表了著名的奇点定理论文。中子星已经被观测发现了。一些有说服力的论据指出类星体中必须隐藏超大质量黑洞。因此，广义相对论重新成为人们研究的热点内容。一些最聪明的学生继续进行黑洞物理的研究工作。大家还记得钱德拉的研究生涯开始于他对白矮星的研究。他在 20 世纪 30 年代早期的奠基性发现引出了黑洞和奇点的概念。因此，钱德拉也很自然地进入了这个领域。他选择集中精力去关注的是有外部扰动（如电磁波和引力波）时，黑洞的稳定性问题。像以往一样，对于这些问题他研究了很多年，他发表了一系列从技术上说难度非常大的论文后，他就出版了一本不朽的著作：《黑洞的数学理论》(The Mathematical Theory of Black Holes)。彭罗斯为这本书写了评述，彭罗斯就是发起相对论第二次革命的那个人。在他的评述的结尾，彭罗斯写道："在我的脑海里，毫无疑问这是一部杰作。很显然，它会流传很长时间。它一定会的。"

此时钱德拉已经 75 岁了。物理界的许多人都在想下一步他会转向哪个领域，或者他会让自己放松一下并退休。但他哪种都没选，而是以不减的热情继续工作。下一个他研究的是引力波碰撞这个极其困难的课题。当他决定在这个领域开始研究工作时，只有两三篇论文可供他参考，其中一篇是他之前的学生纳库写的，其他的是彭罗斯写的。在这些论文中他们曾经做了一些非常特殊的假设。像以往一样，钱德拉想从总体上来解决这个问题。到1988 年，他做到了！

最后，在 80 岁这个年龄，钱德拉又选择了一个最困难且最具挑战性的项目，他要写牛顿的《自然哲学的数学原理》(The Mathematical Principles of Natural Philosophy)的评论。像许多人一样，钱德拉认为这本书是人类最伟大的智慧结晶。像他做的其他的每件事一样，他成功地完成了这个项目。他关于牛顿的《自然哲学的数学原理》的著作就在他去世前几周出版了。

钱德拉在 18 岁这个年龄开始了他的研究生涯。他一直保持着高水平的研究产出，直到他 85 岁。在这六十多年的时间里，他写了近 400 篇论文，其中没有一篇是不重要的，而且其中的大部分都有重大意义。在众多的科学家中，很难指出有谁能够穷尽其所能让其旺盛的创造力持续六十多年。内维尔·莫特(Neville Mott)爵士和贝特是在我脑海中浮现的两个名字。

即便是在那些非常伟大的物理学家中，钱德拉也是独一无二的。他对科学的态度、对科学的洞察力和对审美的追求是独一无二的。钱德拉的科学工作最鲜明的特点通常是他对科学的态度。正如前面所提到的，他的生活中共有七个时期。他写了六本不朽的著作，其中每一个主题都是从一个他所独具的统一的视角来呈现的。关于这种在他自己的框架内以事物自有的方式去理解事物的奋斗态度，钱德拉写道：

"经过了早期多年的准备，我的工作遵循一定的模式，主

要是由洞察之后的探索驱动的。在实践中，我会慎重选择某
一领域（通过考验和磨难），这些领域是值得深入探索的，并
适合我的口味、能力和气质。经过几年的研究后，我觉得自
己已经积累了足够的知识并获得了自己的观点，我就有一个
强烈的要求，从始至终以一个连贯的思路并以一定的顺序、
形式和结构来呈现我的观点。"

全面地理解一个领域并掌握它，全面地吸收它的知识，是钱
德拉科学生涯的精髓。引用钱德拉所言：

"如果一个人的动机没有被激发出来去追求科学的话，那
么他的科学生涯就还没有完全成熟。"

随着研究的进行，教学是钱德拉生活中不可或缺的部分。他
认真、仔细地准备他的课堂讲稿，而且以巧妙的方式把知识传授
给学生；用他漂亮的字体，把每一个论点的每一步都写在黑板上。
有超过 50 名学生跟随钱德拉攻读博士学位。他认为与年轻科学家
合作是他科学风格的一个重要组成部分。事实上，他认为他与年
轻人的合作比他与冯·诺依曼、费米等科学巨匠的合作更为宝贵！
有幸与他合作的年轻学生也获益良多。引用其中一个学生的话：
"钱德拉会传递一种热情，而不是从普通意义上说，我们去解决这
个或那个难题，但是在最后，经过艰苦和漫长的计算，事情都会
迎刃而解。神奇的约项会发生，简洁的结果会出现。"

151　　确实，钱德拉发现和年轻人一起工作很有启发性。当他着手
进行广义相对论的研究时，这一点就体现得特别真切。他曾经

说过：

> "我认为让自己研究相对论是非常幸运的。夹杂在其他的事情中，这是第一次，当然是在 20 世纪 40 年代早期，我觉得我在这么一个其他许多人都比我准备得更充分的领域工作。我认为我有机会与最优秀的人有密切的科学接触。当然，其中有大家熟悉的我的朋友，如罗杰·彭罗斯、史蒂芬·霍金、布兰登·卡特（Brandon Carter）、基普·索恩（Kip Thorne）、杰姆斯·巴丁（James Bardeen）等。这是一个奇妙的体验，它是我以前没有体验过的一种智力上的激励。当然，我曾与费米一起工作。费米是一个非常伟大的物理学家，但在这里我现在是在一个由才华横溢的年轻人组成的社团中。虽然在年龄上，我比这些人都要大，但是因为这些人都平等地对待我，所以我一直都很满意。"

真诚地谦虚到这个程度确实是非常罕见的！

钱德拉的作品已经变成了传奇，因为它们不仅具有很高的学术价值，而且还有独特的风格。他的作品，语言优雅、充满大爱、引人入胜。他把科学事实融入数学公式中。魏斯科普夫是一个非常著名的物理学家，在 1932 年钱德拉访问丹麦哥本哈根玻尔研究所时他认识了钱德拉。他说："钱德拉有一个无与伦比的风格。一般来说优秀的英语表述方式在物理中会失去其艺术性，但在钱德拉那里却不然，他的表述能让人感受到一种接近本质的美妙体验和美感。"同理，普林斯顿大学的莱曼·斯皮策（Lyman Spitzer）说："从审美的角度来说，听钱德拉的讲座和研究他手中的理论结构的进展，是一种相当美好的体验。从中我得到的乐趣，与我去一个艺术画廊欣赏画作得到的乐趣是相同的。"

钱德拉对文学和古典音乐的浓厚兴趣，我们可以从他的演讲和作品中清晰地感受到。再次引用魏斯科普夫的话："从一开始，甚至到后来，他成了物理学中那种完美学者的最纯正的楷模……不虚荣，不粗鲁，不追求职位，不追求知名度，甚至不追求认可……他坚实的教育背景，他考虑这些问题的人文方法，他关于世界文学的知识，特别是英语文学，都是卓著的。我的意思是你很难找到涵养如此高的另一个物理学家或天文学家。"

152　　钱德拉的学术研究的一个重要方面是他对科学中美的追求。人们可能问这个问题，如何理解对美的追求是科学追求的一个目标？他很少对与之类似的问题给出自己的答案，但人们可以通过他的例证，以及其他伟大的科学家对这一问题的回应，推断出他的观点。举一个例子，在一个令人难忘的演讲中，关于这个问题，他引用了沃森(G. N. Watson)对斯里尼瓦桑·拉马努金令人难以置信的个性的回应：

"……这样一个公式让我激动不已，它给我的心灵带来了震撼，这种感觉恰如我走进美第奇教堂(Capelle Medicee)的圣器室沙格瑞西娅·诺瓦(Sagrestia Nuova)，在我眼前呈现的是米开朗琪罗(Michelangelo)放在朱利亚诺·德·美第奇(Giuliano de'Medici)和洛伦佐·德·美第奇(Lorenzo de' Medici)墓葬中的名作《昼》《夜》《晨》和《暮》，其简朴之美给我带来的震撼。"

沃森

钱德拉很喜欢讲述沃纳·海森堡所认为的人类历史上真正意义上的重大发现之一：

> "这是毕达哥拉斯(Pythagorus)发现的，在同等张力下，如果它们的长度是一个简单的数值比，那么振动的琴弦会发出和谐的声音；在这个发现中，智与美首次产生了深刻的联系。"
>
> 海森堡

那些有幸听钱德拉演讲和读到他的论文的人，都会知道他的科学之美的概念是基于以下两个标准的：

> 如果在比例上没有一些奇异性，那就没有顶级的美。
>
> ——弗兰西斯·贝肯(Francis Bacon)
>
> 美是某部分与其他部分和与整体的恰当的一致性。
>
> ——海森堡

这就是钱德拉！但是，归根到底，对一个科学家进行评价时应该基于他（或她）的成就。当瑞利勋爵去世后，汤普森(J. J. Thompson，他发现了电子)在伦敦著名的威斯敏斯特教堂里致悼词。他说：

> "有一些伟大的科学家，他们的魅力在于说出了关于一个学科的第一句话，在于引入了一些卓有成效的新想法。也有另外一些人，他们的魅力也许在于在这个学科中说了最后一句话，他们化繁从简，将这个学科的逻辑和脉络清晰地展现

了出来。瑞利勋爵属于第二类。"

钱德拉属于这两类！他和瑞利也许是数学物理学中两个最伟大的顶梁柱。但是钱德拉还有幸在一个学科中说了第一句话。他发现了：

1. 白矮星的最大质量。
2. 质量足够大的恒星不能变成简并的，它们会塌缩成一个奇点。
3. 恒星系统中的动力学摩擦。
4. 相对论不稳定性导致引力塌缩。
5. 引力辐射反应。
6. 转动恒星中引力辐射反应驱动的不稳定性。

在评价自己的贡献的时候，钱德拉本人非常谦虚。

让我们引用钱德拉自己的话，来结束对一个真正伟大的科学家的简述：

> "对科学的追求往往被比作是攀登一座高山，它高但又不是高不可及。但是，在我们中间，谁能希望甚至想象攀登珠穆朗玛峰并成功登顶，这时，天空是蓝色的，空气是静止的，在寂静的天空中环顾整个喜马拉雅山脉，耀眼的白雪延伸到无限远处？我们中没有一个人会期待我们周围有一个可比拟的自然奇景和宇宙奇景。然而，在下面的山谷中站立并等待太阳从干城章嘉峰（Kanchenjunga）升起是没有太多意思的。"
>
> 钱德拉

在我的脑海里，毫无疑问，后人将把钱德拉视为 20 世纪最杰出的物理学家。

第二部分

恒星的一生：现代的视角

第 11 章　燃烧或不燃烧

核循环

在本书第 2 章中我们讨论了主序星。在它们一生中的这个阶
段，在恒星的核心正在发生着氢聚变为氦的核反应。质量小于太
阳质量的恒星，这个核反应是通过质子－质子链的方式实现的；
质量比太阳质量大的恒星，CNO 循环是主导机制。当恒星核心的
氢耗尽后会发生什么呢？先抛开细节不说，这个问题的答案是很
简单的。当核心所有的氢耗尽后，恒星核心将留下一个氦核球。
大家会期待氦聚变形成碳。当核心所有的氦都耗尽时，碳就会聚
变形成氧，以此类推，正如图 11.1 所示。

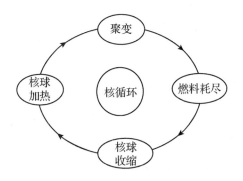

图 11.1　恒星核心的核聚变

注：恒星中的聚变反应循环进行。不活跃的核球收缩导致温度升高。当达到
临界温度时，这些不活跃的燃料将开始聚变。当燃料耗尽时，核球将再次变得不
活跃，结果核球又开始收缩。

158　　　核循环的基本思想就是一个聚变反应的产物将是下一个聚变反应的燃料。用更为通俗的术语来说，一个阶段燃烧的灰烬将是下一个阶段的燃料。之前我曾经提到恒星剧本里有许多角色。如图 11.1 所示，它应该就是一部独幕剧，但有很多场景。但事实上，为什么不是这样呢？要分享这个，让我们回顾一下前面我们讨论的关于太阳聚变反应的内容（见《恒星的故事》第 5 章"恒星中能量的产生"）。

量子隧穿

　　　两个核子聚合在一起的主要障碍是短距离上的强烈的库仑斥力。对于两个质子相互碰撞这种情况，库仑势垒的高度大约是 1 MeV（见图 11.2）。换不同的方式来说，当两个质子之间的距离和它们的大小相当时，库仑斥力的能量是

$$E_{库仑} = \frac{e^2}{r_0} \sim 1 \text{ MeV}, \tag{11.1}$$

此处 r_0 为 10^{-13} cm。在太阳中心附近的质子有足够的能量来克服这个斥力吗？记得太阳的中心温度约是 1.5×10^7 K。因此，质子的平均能量大约是 1 000 eV（大家还记得 10^4 K 用能量单位表示大约是 1 eV：$k_B \times 10^4 \text{K} \approx 1$ eV）。这意味着质子的典型能量是势垒高度（约 1 MeV）的 $\frac{1}{1\ 000}$。无穷远处能量为 1 000 eV 的质子永远不可能爬上势垒那座山，然后掉进核势阱里。根据经典物理学的理论，它只能滚到山上某一个位置，在此处它所有的动能被转换成势能（图 11.2 中的点 r_1）。粒子暂时从别处借能量爬上山并掉进核势阱，这是被绝对禁止的。

　　　1928 年俄罗斯杰出的物理学家乔治·伽莫夫，以及美国物理学家康登（Condon）和格尼（Gurney）分别独立地解决了这个巨大的

难题。这个问题的解决借助了新兴的量子物理学。量子物理学的基本原理是波与粒子之间的二象性。正是粒子的波属性允许 α 粒子从原子核中逃逸出来。对于如何看待这种现象，光学中类似的例子（最初由伽莫夫给出）可以给我们一些启发。

159

　　想象一束光线以大于临界角的角度入射到两种介质的交界处。根据几何光学原理，我们将得到该入射光束的全反射——在两种介质之间的交界面上所有的光将被反射，而且在第二种介质中不会出现扰动。然而，如果用光的波动理论处理同样的问题，事实上大家将会发现在第二种介质中也会有一些扰动。这是瞬逝波现象。当距离是光的波长的几倍时，这一现象是比较明显的。当进入第二种介质中时，瞬逝波呈指数衰减。用几何光学理论是无法解释在第二种介质中出现的这个扰动的（这是可以通过实验预测和测量的）。

　　同样，从经典物理学到量子物理学，粒子有一个穿透势垒的概率，或叫隧穿势垒。这个概率是由于量子物理学中粒子的波动性引起的。在伽莫夫、康登和格尼分别独立地发现 α 衰变理论后不久，1929 年阿特金森（Atkinson）和豪特曼斯（Houtermans）认为质子俘获引起了元素嬗变。

　　给定某一个形态的势垒，穿透率或隧穿概率可以使用波动力学来计算。大家可以在任何量子力学的入门教材中找到有关推导，其中会涉及各种势垒形态，如三角形势垒、矩形势垒、库仑势垒等。一个势垒的隧穿概率的定义如下：

$$\text{隧穿概率} = \frac{\text{穿过强度}}{\text{入射强度}}。 \tag{11.2}$$

对任意一个势垒，如图 11.2 中所示，隧穿概率由下式给出

$$\boxed{\text{隧穿概率} \sim e^{-2\int_a^b \sqrt{2m(V(x)-E)/\hbar^2}\,dx}}。 \tag{11.3}$$

值得注意的是上述隧穿概率表达式中的各个重要细节。

1. 隧穿概率是一个指数函数。

2. 给定某一高度为 V 的势垒，随着入射粒子能量的增加，隧穿概率呈指数增加。

3. 隧穿概率随势垒厚度的增加会显著减小。

4. 质量更小的粒子，隧穿概率更大。

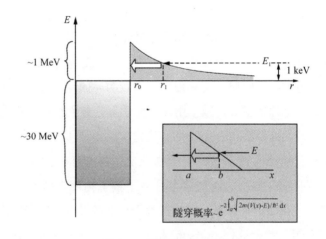

图 11.2　量子隧穿库仑势垒

注：两个质子要聚合在一起，它们必须克服库仑排斥势垒。这个势垒的高度大约为 1 MeV。但是质子的平均能量(核心区域的温度为 10^7 K)大约只有 1 000 eV。因此，只有量子隧穿库仑势垒，聚变才可能实现。隧穿的概率是一个指数函数。

因此把两个质子聚合在一起的成功率(用技术术语来说就是反应速率)，将取决于两个相反趋势之间的相互作用：随着能量的增加，隧穿概率呈指数增加；而随着能量的增加，粒子占比会显著下降(大家回忆一下玻尔兹曼分布)。

针对库仑势垒的这种情形进行恰当的计算可以看出，每单位时间和每单位体积内聚变反应的数目会涉及以下这种类型的积分：

$$J = \int_0^\infty \mathrm{e}^{-\frac{E}{k_B T}} \mathrm{e}^{-\frac{\eta}{E^{1/2}}} \,\mathrm{d}E。 \tag{11.4}$$

第一个指数因子来自麦克斯韦能量分布，第二个因子表示的是隧穿概率呈指数增加。这两个指数的合成会给出一个峰，大家称之为伽莫夫峰。该峰的面积将决定反应速率。如图 11.3 所示。

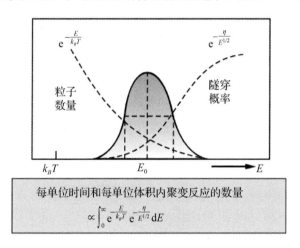

图 11.3　伽莫夫峰

注：该图说明了所谓的伽莫夫峰的意义。每单位时间和每单位体积内的聚变反应的数量受两个因素影响：随着能量的增加，粒子的数量会显著减少；随着能量的增加，隧穿概率呈指数增加。

现在让我们重新来看核循环（图 11.1）。大家会注意到，在燃料耗尽与下一阶段聚变开始之间，有两个重要的步骤：核收缩和核加热。这就是为什么恒星剧本中有很多角色而不是一部独角戏了。为了更好地理解这点，让我们回到库仑势垒。

当两个质子相互碰撞时，库仑势垒的高度大约是 1 MeV。当两个氦原子核相互碰撞时，势垒的高度大约是 4 MeV（因为每一个原子核都有两个质子）。当两个碳原子核（每个原子核有六个质子）

162 相互碰撞时，势垒高度为 36 MeV。对所有这三种情况，让我们把碰撞能量固定。很明显，当势垒高度增加时，粒子必须穿透的势垒的宽度会急剧增加(参考图 11.4)。正如我们上面提到的，隧穿概率随势垒厚度的增加会显著下降。因此，事情是这样的，要把氢原子核聚合在一起，太阳中心的粒子的平均能量必须远远大于目前的能量。换言之，所需的恒星等离子体温度要比目前太阳中心的温度高得多。在原则上，这样的加热可以通过核球的收缩来实现。但是，正如我们很快就要讨论到的，核球的收缩并不能保证核球热起来。这取决于核球物质是否是理想气体。让我们暂时假设核球的收缩会导致核球温度升高，并期待一下恒星剧本的下一个角色可能是什么样的。

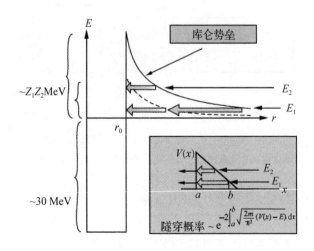

图 11.4 库仑势垒高度增加

注：这个图显示了核聚变的交替阶段需要更高的温度的原因。这主要是因为随着聚变粒子电荷数的增加，库仑势垒高度也增加。例如，氦聚变的势垒高度是质子的四倍。

氦燃烧

在主序阶段结束时，恒星中心将形成一个氦核球。但是因为这 *163*
个氦核球温度不够高，所以它是不活跃的。然而，能量的产生并不
会完全停止——在别处会有行动！虽然核心的所有氢都已经用尽了，
但在核球的外面还有大量的氢。不幸的是，在恒星的延展包层中温
度不够高，难以发生氢聚变。但在紧挨着不活跃核球的那个薄的包
裹壳层中的氢将足够热，使得氦合成得以继续。因此，尽管核心处
的能量产生暂时停止了，但恒星将有一个壳层能源（见图 11.5）。

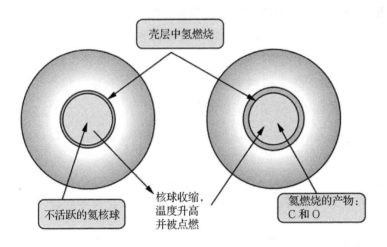

图 11.5　氦燃烧

注：在主序阶段结束时，恒星中心将产生一个不活跃的氦核球，其周围包着一
个壳层，其中的氢仍在聚变为氦。因为该不活跃的核球并不产生热量，它会收缩因
而温度会升高。当温度达到大约 10^8 K 时，氦聚变会产生碳和氧。

由于核球不再产生热量，流体静力学平衡暂时会受到影响。
引力会战胜核球的抵抗力并挤压核球。结果是，不活跃的氦核球温

度将会升高（让我们假设这可以发生）。当核心的温度达到大约 10^8 K时，氦核球就开始聚变。

164　　　这个聚变阶段的产物将是 ^{12}C 和 ^{16}O，核反应过程如下：

$$^4He + {}^4He \rightleftharpoons {}^8Be,$$
$$^8Be + {}^4He \longrightarrow {}^{12}C + \gamma.$$
(11.5)

氦聚变的关键反应是通过三个 ^{4}He 核形成 ^{12}C。它被称为 3α 反应（记住，卢瑟福说的 α 粒子就是 ^{4}He 核）。^{12}C 通过两个步骤合成。在第一步中，两个 α 粒子形成一个 ^{8}Be 核。^{8}Be 核的基态能量大约是 100 keV 那么高，它是不稳定的。它会在大约 10^{-16} 秒内衰变回两个 α 粒子（这就是为什么我们在上述两个反应中的第一个中使用双向箭头）。幸运的是，两个 α 粒子碰撞的平均时间间隔要比这个时间间隔短得多。结果，第三个 α 粒子可以在 ^{8}Be 核衰变回两个 α 粒子之前如期与它碰撞（图 11.5 中也显示了反应的第二步）。形成一个 ^{12}C 核所释放的束缚能大约是 7.3 MeV。在 3α 反应中（氦聚变为碳）每单位质量所释放的能量约是 CNO 循环（氢聚变为氦）所释放能量的 $\frac{1}{10}$。

一旦 ^{12}C 达到了足够的浓度，α 粒子的进一步俘获将产生氧、氖等：

$$^{12}C + {}^4He \longrightarrow {}^{16}O + \gamma,$$
$$^{16}O + {}^4He \longrightarrow {}^{20}Ne + \gamma.$$
(11.6)

碳燃烧和氧燃烧

氦燃烧的结果就是恒星中心将形成一个碳—氧核球。但这个核球和原来的氦核球相比，物质将更集中于中心。原因是，要形成碳—氧核球，需要高达 10^8 K 的温度，而这只可能在中心附近实现。

正如主序阶段结束时形成的氦核球是不活跃的，碳—氧核球最初也是不活跃的。要使两个碳原子核隧穿非常高的库仑势垒并聚合到一起，温度必须超过 5×10^8 K。正如不活跃的氦核球一样，这个不活跃的碳—氧核球将收缩，并且温度会升高。当温度达到 5×10^8 K 时，碳原子核会聚变。不像氢燃烧和氦燃烧，精确地计算碳燃烧的最终产物是一个更加复杂的任务。普遍的共识是，碳聚变的最终产物是：

$$^{12}C + ^{12}C \longrightarrow ^{20}Ne \text{ 和} ^{24}Mg。 \tag{11.7}$$

记住，氦聚变产生的核球中还包含 ^{16}O。因此，在碳燃烧结束时，核心将包含 ^{16}O、^{20}Ne 和 ^{24}Mg。

由于有更大的库仑势垒，在中心温度变得更高之前，氧的聚变是不可能发生的(见图 11.4)。当温度达到 10^9 K 时，氧原子核会聚变，并产生多种产物：

$$^{16}O + ^{16}O \longrightarrow ^{32}S + \gamma,$$
$$\longrightarrow ^{31}P + p$$
$$\longrightarrow ^{31}S + n,$$
$$\longrightarrow ^{28}Si + \alpha。$$

上述反应中所产生的质子和 α 粒子会即刻被吸收，引起二次反应，我们不会深入去讨论所有这些复杂的东西！可以保险地说，在氧燃烧的最终产物中人们会发现大量的硅(Si)。

氧燃烧之后

接下来会发生什么呢？这是比氧燃烧更复杂的事情。现在，环境温度超过几十亿度。在这样的温度下，一些更松散的原子核将被打碎。这就是原子核的光致分裂，类似于原子的光致电离。
在 $T \geqslant 10^9$ K 时，辐射场将主要由能量处于兆电子伏特这个范围内
166　的 γ 射线组成。原子核会吸收它们并变为激发态。这种激发态的
原子核很容易出现放射性衰变，发射 α 粒子。光致分裂的结果就是
在核球中会有数量可观的自由中子、质子和 α 粒子。它们将与硅反
应并逐步形成更重的元素。这个过程继续进行，直到形成 ^{56}Fe。如
果不想记住所有的中间步骤，那么可以粗略地说，氧燃烧之后的
下一个阶段就是硅燃烧。

$$^{28}\text{Si} + ^{28}\text{Si} \longrightarrow {}^{56}\text{Fe}。 \tag{11.8}$$

然后聚变反应就停止了，这是核反应之路的尽头。要理解这一
点，我们应该看一看各种原子核束缚能的示意图，如图 11.6 所示。

该图显示的是每个核子的平均束缚能与原子核中核子数的关
系。考虑原子质量数为 A 的某个原子核。假设其质量是 $M_{核}$。原
子核稳定是因为它的质量小于原子核中中子和质子的质量总和（是
阿斯顿发现的）。大家知道这被称为质量亏损。这个质量亏损等于
167　$(A-Z)$ 个中子的质量加上 Z 个质子的质量，减去原子核的质量。
原子核总的束缚能等于亏损质量×c^2。

$$E_B = [(A-Z)m_n + Zm_p - M_{核}] \times c^2。 \tag{11.9}$$

当比较不同的原子核对其核子的束缚的强弱时，定义每个核
子的平均束缚能是非常有用的，

$$f = \frac{E_B}{A}。 \tag{11.10}$$

图 11.6 中所示的是 f 的实验测量值，它是原子质量数 A 的函
数。这个图中大家一定要注意的重要细节如下：

1. f 的曲线从氢开始急剧上升，然后变平，在 ^{56}Fe 处达到最
大值。这个最大值为 8.5 MeV。

2. ^{56}Fe 之后，每个核子的束缚能逐渐减小。

3. 除氢之外，f 的典型值大约是 8 MeV。

4. 氢聚变形成 ^{4}He 所释放的束缚能，比后续的聚变反应所释放的能量要大得多。

5. ^{56}Fe 是最稳定的原子核。这就是为什么 ^{56}Fe 的合成是恒星剧本的最后一幕了。

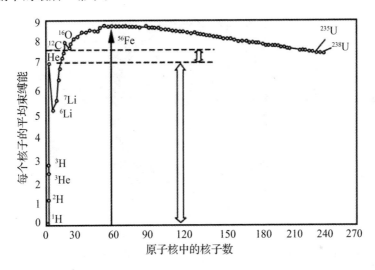

图 11.6　实验测量得到的原子核束缚能

注：纵轴是以 MeV 为单位的每个核子的平均束缚能，横轴是原子序数。可以看出，^{56}Fe 是最稳定的原子核。之后的每个核子的束缚能减少。这意味着如果我们要把铁聚合成更重的元素，那么核反应将是吸热的，它将消耗能量。

洋葱模型

如果我们上面讨论的核循环不断地进行，那么核球的燃料耗尽后，在围绕不活跃的核球的同心壳层中核聚变反应将继续进行。

这样一个燃烧壳层可以持续很长一段时间，事实上，一个特定的燃烧壳层可以持续并进入下一个核循环。请记住，每一个核循环都会产生它自己的壳层能源。核循环的每一个后续阶段将越来越短。因此，当铁核球形成时，核循环的前面的阶段将留下许多燃烧壳层。恒星像一个洋葱，如图 11.7 所示。

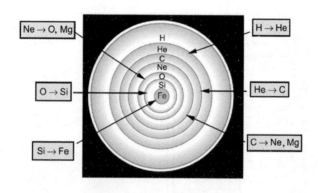

图 11.7　恒星的洋葱模型

注：我们会在后面的章节中看到，核循环将在大质量恒星中不断进行。最后阶段将是硅聚变形成铁。由硅、氧、氖、碳、氦组成的许多同心薄壳层围绕着铁核球，外面还有一个延展的氢包层。在这个阶段，将有多个燃烧壳层，在其中核聚变反应仍在发生。

燃烧或不燃烧

我们期待每颗恒星都会形成像图 11.7 所示的洋葱状结构吗？我们期待在所有的恒星中核反应将一直进行直到铁核球形成吗？在上述讨论中我们已经假定核循环循序进行，没有任何困难。这个假设可能正确也可能不正确。我们所做的关键假设是，不活跃的核球将收缩并且温度会不断升高；一旦收缩核球的温度达到点火温度，下一个阶段的聚变反应将开始。因此，要解决的关键问题是恒星的收缩核球的温度是否会升高。如果温度能升高，它将会变得足够热，从而点燃前一阶段的灰烬。这一问题的答案将取决于物质的状态方程。

理想气体

如果恒星核球中的等离子体是理想气体，那么核球收缩的结果是核球的密度增加，核球的温度肯定会升高。对应密度的增加，不难计算出温度的增加值。

让我们先从需要核球稳定这点入手，此时中心的引力压强必须等于气体压强：

$$P_{\mathrm{Grav}} = p_{\mathrm{G}} \text{。} \tag{11.11}$$

此处

$$P_{\mathrm{Grav}} \sim \frac{GM^2}{R^4}, \quad p_{\mathrm{G}} = \frac{\rho_c k_B T_c}{\mu m_p} \text{。} \tag{11.12}$$

这里，ρ_c 和 T_c 分别是中心的密度和温度（如果大家对引力压强表达式不太熟悉，可以参看本书的姊妹篇《恒星的故事》）。对式（11.11）的两边取对数并结合式（11.12），我们可以得到：

$$\log P_{\mathrm{Grav}} = \log \rho_c + \log T_c + \text{常数。} \tag{11.13}$$

引力压强可以改写为 $P_{\mathrm{Grav}} \propto M^{\frac{2}{3}} \rho^{\frac{4}{3}}$。对它取对数，我们得到：

$$\log P_{\mathrm{Grav}} = \frac{4}{3} \log \rho + \text{常数。} \tag{11.14}$$

由于恒星的质量不是一个变量，我们把它放入式（11.14）的常数中。合并式（11.14）和式（11.13），我们就得到了所需的关系式：

$$\boxed{\log T_c = \frac{1}{3} \log \rho_c + \text{常数。}} \tag{11.15}$$

关系式(11.15)也可以写成:

$$\frac{\mathrm{d}T_c}{T_c}=\frac{1}{3}\frac{\mathrm{d}\rho_c}{\rho_c}。 \tag{11.16}$$

这就告诉我们,只要核球气体可以视为理想气体,那么核球密度的增加就会导致核球温度升高。

在式(11.11)中我们忽略了辐射压强。更一般的关系式应该写成:

$$P_{\mathrm{Grav}}=\frac{\rho k_B T}{\mu m_p}+\frac{1}{3}aT^4。 \tag{11.17}$$

现在上述方程的右边包括气体压强和辐射压强。我们不想在此停下来推导它,但是可以看出,即使我们加入了辐射压强,方程(11.16)依然是有效的。图11.8中展示了当核球收缩时,理想气体核球的温度就会升高。

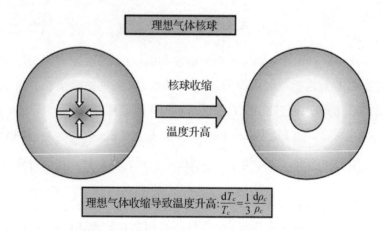

图 11.8 如果恒星的核球遵循理想气体定律,那么它的温度就会在收缩时升高

简并核球

如果核球是简并的,那么在压缩情况下它的反应将是非常不
同的(见图 11.9)。虽然最初的核球可以很好地用理想气体的状态
方程来描述,但是当密度增加时就不能保证它依然是一个很好的
描述了。大家可能还记得我们之前的讨论,如果热能 $k_B T$ 比费米
能量 E_F 大很多($k_B T \gg E_F$),那么气体可以被当作理想气体。随着密
度的增加,费米能量也会增加(费米能量 $E_F \propto \rho^{2/3}$)。到某个阶段,
$k_B T \approx E_F$,并且气体变成部分简并的。随着密度的进一步增加,E_F
将变得大于热能 $k_B T$,气体将被视为完全简并的($k_B T \ll E_F$)。

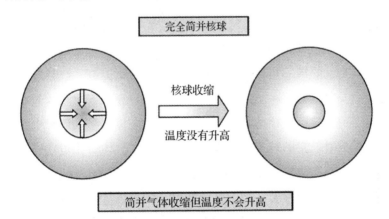

图 11.9　简并核球的收缩

注:如果恒星的核球是简并的,那么收缩将不会导致其温度升高。它只会变得
更加简并。但是,正如我们将看到的,核球周围的燃烧壳层的附加效应会导致核球
的温度升高。

当我们压缩完全简并的气体时,其温度不会显著升高,但费
米能量会增加,并且气体会变得更加简并。

在 $\log T$ 与 $\log \rho$ 的关系图中看一看压缩气体的行为是很有启

发性的(见图 11.10)。图 11.10 中倾斜的矩形框代表理想气体(左边)和简并气体(右边)之间的过渡。沿着矩形框,$k_B T \approx E_F$。对于非相对论性简并气体来说,$E_F \propto \rho^{\frac{2}{3}}$。因此,在 $\log T$ 与 $\log \rho$ 的关系图中矩形框满足 $k_B T \approx E_F$,而且其斜率为 $\frac{2}{3}$(这个框已经被标记了 NRD)。对于相对论性简并气体来说,$E_F \propto \rho^{\frac{1}{3}}$。因此,矩形框的斜率为 $\frac{1}{3}$,上面标记了 RD。

171

让我们考虑恒星的核球,在图中其初始位置被标记为①。当核球收缩,它的温度将升高而且它的轨迹的斜率为 $\frac{1}{3}$(见图 11.10)。当它收缩得更严重时,它将进入部分简并区域。在这个阶段,密度的进一步增加只会引起温度的轻微升高。当核球变为完全简并时,密度将增加但温度是恒定的。在某些阶段,简并压将与引力相抗衡,核球将不会有进一步的收缩。当气体失去它最初的热量时,它的轨迹将出现向下的转弯,气体将在恒定密度下冷却。在图上初始位置为②的核球会有类似的轨迹。

现在让我们考虑一下初始位置为③的核球。它的初始位置对应于一个更高的温度。当它收缩时,它的温度会升高,而且它的轨迹将再次有一个 $\frac{1}{3}$ 的斜率。但这一次,核球将不会穿过简并边界,它的温度将继续升高。

这一切对不同质量的恒星意味着什么?图 11.11 为它的示意图。

考虑质量分别为 M_1 和 M_2 的两个恒星,它们的核球的初始位置如图 11.11 所示。让我们首先考虑质量为 M_1 的恒星。在图中可以看到,它的核球已经接近于分离理想气体区域和简并区域的边界了。

172

当核球收缩且密度增加时，它的温度会升高。在核球持续收缩这个过程中，恒星移动到图的右侧。在某个阶段，简并将开始。在此之后，将有一个短暂的阶段，在此期间密度将增加，但温度基本保持不变。不久，简并压将阻止核球的进一步收缩，它将成为一颗白矮星。 *173*

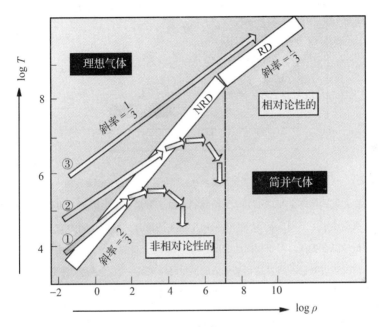

图 11.10　理想气体和简并气体的 $\log T$ 与 $\log \rho$ 的关系图

　　注：该图说明了压缩的理想气体球体的行为。注意，图上的温度和密度都是用对数单位表示的。"矩形框"标识了从理想气体到简并气体的过渡。在右边区域，电子是简并的。当密度超过 10^7 g/cm^3 时，电子是相对论性简并的。沿着矩形框，$k_B T \approx E_F$，这是设置的简并标准。考虑起点是②的核球。随着密度的增加，温度会升高。达到某个密度时（这取决于温度），气体将变成简并的。密度进一步增加，不会导致温度升高。在某个阶段，简并压将阻止任何进一步的收缩。从那时起，由于最初热量的损失，核球将冷却，而且它是在恒定密度下冷却的。相比之下，起始点是③的核球在所有的密度下均保持非简并。

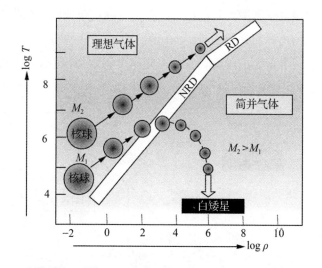

图 11.11   不同质量恒星的核球的 $\log T$ 和 $\log \rho$ 的关系图

注：该图基本上与图 11.10 是相同的。由于恒星的命运确实是由其核球决定的，我们展示了不同质量 M_1 和 M_2 的两个恒星的核球的轨迹。因为质量更大的恒星的核球温度更高，对于相同的密度，$M_2 > M_1$ 是合理的。图 11.10 所解释的一些简单情况告诉我们，质量达到某个值的恒星将结束其一生，变成简并气体（白矮星）。而质量高于某个临界质量的恒星将永远不会简并，但是其密度可能变得很大。

白矮星的成分是什么？这取决于恒星的初始质量。如果中心温度达到 10^7 K，氢聚变为氦的反应就会发生。如果温度继续上升，达到 10^8 K，那么氦将聚变为碳。正如我们将在随后的章节中看到的，对初始质量小于 $9M_\odot$ 的所有恒星来说，恒星的剧本将在这里结束。碳核球将进入简并阶段，并且最终将成为碳氧白矮星。最初，白矮星的温度会非常高，但它会把储存的热量辐射掉并冷却下来。

让我们再琢磨一下图 11.11，并考虑质量为 M_2 的恒星。要分析的第一件事是，人们认为 M_2 的质量比 M_1 大，会有如下事实，尽管它们的初始密度是相同的，但 M_2 的核球温度更高。因此可以说，从一般性的角度考虑，M_2 的质量必须更大。由于质量为 M_2 的恒星的核球温度比质量为 M_1 的恒星的核球温度高，人们会认为在这个核球中辐射压更重要。大家记得爱丁顿的名言吧，当恒星的质量增加时，其辐射压会变得越来越重要。这一猜测很容易被证实，我们就不在这里尝试了。

让我们现在来看图 11.11 中质量更大的恒星 M_2 的轨迹。当其核球收缩，它的温度会不断升高。恒星的核球永远不会变成简并的，但是其密度会变得更大。它的轨迹不会与非相对论性简并的边界相交，也不会与相对论性简并的边界相交。注意它的轨迹是平行于理想气体区域和相对论性简并区域之间的边界的；两者的斜率都是 $\frac{1}{3}$。我们可以预测在这样的恒星和质量更大的恒星中，核循环将一直继续，直到中心的铁核球形成，恒星形成洋葱结构。

现在让我们来总结一下本章论及的知识。

1. 在核循环的各个阶段之间，不活跃的核球必须收缩并且温度会不断升高，以便聚变反应进行。

2. 后续的核聚变反应需要越来越高的中心温度：氦聚变为碳需要的温度为 10^8 K，而碳聚变为氧、氖、镁需要的温度为 5×10^8 K，氧燃烧需要的温度为 10^9 K。

3. 后续阶段的核循环所产生的核球往往质量更小且更集中在中心。

4. 如果不活跃的会收缩的核球像经典的理想气体，那么当它收缩时温度便会升高。只要这种会导致温度升高的收缩一直进行下去，而且温度可以达到必要的点火温度，那么核循环将不间断地往下进行。

5. 然而，如果核球收缩且变成简并的，那么即便核球进一步收缩，它的温度也不会进一步升高了。因此，核循环将由于简并的建立而中断。

6. 质量达到某个临界质量的恒星将形成简并的核球，并很可能结束它的"生命"并留下白矮星——在大多数情况下，是碳氧白矮星。

7. 质量比临界质量更大的恒星的核球将永远不会简并，但是其密度可能变得更大。这证实了钱德拉塞卡 1932 年给出的著名预言(参照第 7 章"钱德拉塞卡极限"，特别是图 7.4)。

175

8. 在这些大质量恒星中，核循环会走完整个过程，而这些恒星最终会成为一个铁核球，周围有很多燃烧壳层。

这就是人们经常使用的那种定性推理，也是我们一直追求的。要超越这一点，人们必须求助于计算机来进行实际数值计算。还有一件事：到目前为止，我们关注的是恒星核球会发生什么事情。不可否认，这是产生能量的地方。但是，恒星的其他部分如何应对这一切呢？毕竟，我们看到的是恒星的表面！

在接下来的四章中，我们将简要地总结一下现代研究告诉我们的关于恒星的生命历程的内容。由于恒星的一生取决于其质量，我们要把该讨论分为三个部分：如太阳一样的低质量恒星、中等质量恒星和大质量恒星。在下一章中，我们将概述太阳的生命历程。

第 12 章　太阳的未来是怎样的?

早期演化

在前一章中，我们讨论了恒星核球的演化。我们知道核球的
"生命历程"取决于恒星的质量。但是我们是看不到核球的！现在
我们将简要地讨论一下现代计算结果告诉我们的恒星的演化过程，
尤其是恒星的外层是如何响应恒星核球的演化的。恒星的演化最
好是通过查看赫罗图来理解，参见图 12.1。随着恒星的演化，恒
星的位置在这个图中将有所改变，这将告诉我们对于恒星核球的
变化，它的半径、温度和亮度是如何变化的。正如我们将看到的，
主序带下部的恒星的行为在某些方面与质量更大的恒星的行为有
本质上的不同。因此，我们将把我们的讨论分为三个部分，如图
12.1 所示。在这一章中，我们将讨论质量小于 $2.5M_\odot$ 的恒星。具
体而言，我们将考虑我们的太阳在未来是如何演化的。在下一章
中我们将讨论在中等质量范围（$2.5M_\odot$—$9M_\odot$）内的恒星。最后，
我们将讨论质量更大的恒星（$10M_\odot$）的演化。

如果大家翻回第 2 章，看看图 2.6，大家会注意到主序带下部
和上部的恒星的一个本质区别就是低质量恒星有辐射核，而中等
质量恒星和大质量恒星有对流核。这当中所含的问题就是当恒星
消耗完中心区域的氢后，氦核球的质量是如何增长的。例如，太
阳中氦核球的质量从零开始相当缓慢地增长。氦核球是氢聚变的
结果，它是不活跃的。这是因为氦核球的温度要远低于氦聚变所
需要的 10^8 K。事实上，因为在不活跃的氦核球中没有能源，它的

温度基本上等于周围氢燃烧壳层的温度。壳层中产生的氦增加了核球的质量。而核球质量增加的这一过程是相当缓慢的，这是因为以质子－质子链反应形成氦的效率是相当低的。

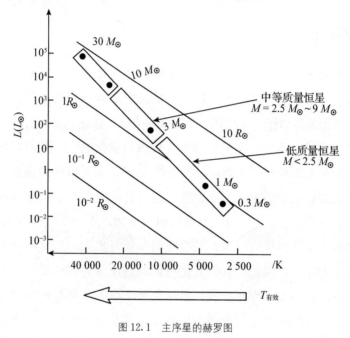

图 12.1　主序星的赫罗图

　　注：在这章中，我们将讨论主序带下部，即质量小于 $2.5M_\odot$ 的恒星的"生命历程"。

　　因此，有一个不活跃的氦核球且其被氢燃烧壳层包围着这个阶段，会持续很长时间——以核时标衡量。结果是，人们会期望天空中看到的许多恒星都处于这个阶段。这个阶段的恒星将有两个重要的变化：

　　1. 恒星的包层将急剧膨胀。

　　2. 恒星的光度将增加近一倍。

　　让我们来仔细讨论一下这两点。

恒星变成红巨星

氦核球是不活跃的，由于上面覆盖层的质量，它会收缩。当 *178* 核球收缩时，它释放出的引力势能会导致外层膨胀。图 12.2 所示的是被称为引力热灾变的普遍反应。最基本的一点是该自引力系统是负比热的（我们之前曾经遇到过）。如果在两个这样的系统之间，热量被允许流动，那么温度高的一个失去热量并且温度会变得更高，而温度低的系统获得热量并且温度会变得更低！对我们正在考虑的恒星而言，核球的收缩将导致外层膨胀。

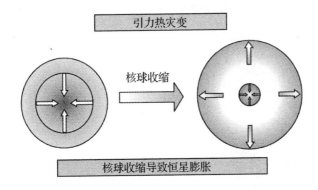

图 12.2　核球收缩包层膨胀

注：这个图描绘了一个一般性的原则，即当恒星的核球收缩时，它的包层会膨胀。移动包层的能量来自核球收缩时它所获得的引力势能。

这种反应相当普遍，而且在球状星团这类恒星系统中也是至关重要的。这种引力束缚系统中大约有数百万颗恒星，每颗恒星在其他所有恒星的平均引力势场中运动，类似于恒星中的原子被该恒星中所有其他原子的合成引力场束缚在一起。这些球状星团经历了被称为核心塌缩的过程，即星团的核心部分突然收缩。当这种情况发生时，整个星团就会膨胀。

随着恒星膨胀，它的表面温度会降低，它将变成一颗红颜色的恒星。因此，我们的太阳将成为一颗红巨星，与此同时，它的不活跃的氦核球会收缩。

超亮巨星

179　　　由于不活跃的氦核球的质量在增加，它周围的氢燃烧壳层的光度会增加。原因很简单。当核球收缩时，核球的表面引力（这是引力作用在表面而产生的加速度的另一个专业术语）将增大。这个增大的引力会挤压在核球外燃烧的氢薄层，使其密度增大，温度升高，从而增加壳层的光度。详细的研究表明在这个延长阶段（在这期间恒星的整个光度是由壳层燃烧来支撑的），恒星的光度基本上是由核球的质量和半径决定的，并且与恒星的质量无关。恒星的光度是恒星核球质量的一个强相关函数。

$$L \sim M_{核}。 \tag{12.1}$$

详细的计算表明，在这一阶段恒星的光度将增加上千倍。

重要的是，要记住，当核球收缩时，它会变成简并的。记住太阳的中心密度是 $150 \ \mathrm{g/cm^3}$。因此，核球是非常接近简并的。当中心密度进一步增大，氦核球将变成简并的（参照第 11 章的图 11.10 和图 11.11）。随着简并氦核球质量的增加，它的半径会减小。（回顾一下白矮星的质量和半径之间的反比关系）简并核球并不是我们前面几章所讨论的白矮星，但是接近了！

红巨星的内部结构如图 12.3 所示。当我们的恒星膨胀变成一颗巨星时，它已经发生了一个重要的转变，那就是它已经变成完全对流的了。在图 2.6 中我们看到，主序带下部的恒星有对流的包层，而主序带上部的恒星会有一个辐射包层。我们讨论了产生这一重要差异的合理的理由。对于太阳的对流外层，我们认为这是由于像是负氢离子等新种类的吸收离子存在于外层，导致其不透明度增加而引起的。但是关于对流包层，有一个更基本和更普遍的原因。这与它们在赫罗图上的位置有关。我们现在就要提到这一点。让我们看看图 12.4。

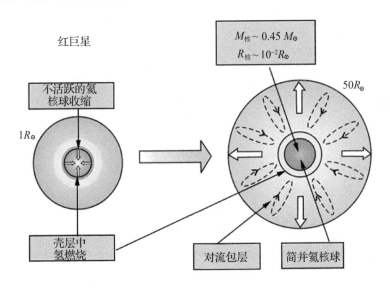

图 12.3　红巨星的结构

　　注：右边图的中心有一个收缩的、不活跃的氦核球，恒星的光度是由围绕它的燃烧氢壳层产生的。当核球收缩时，外面的包层就会膨胀，恒星就成为一颗巨星。同时，恒星的包层就变得对流不稳定了。

　　我们已经说过，当恒星的核球收缩，其包层将膨胀。最初，氢燃烧壳层所产生的光度基本保持不变。这将使恒星在赫罗图上向右侧移动（大家看一看图 12.4 中的等半径线）。随着向右侧移动，它的表面温度会降低，恒星内部的温度梯度会增加。在某个

180

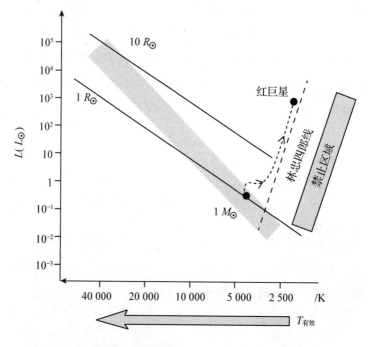

图 12.4　林忠四郎线(The Hayashi Line)

注：近乎垂直的虚线是稳定的恒星(左边)和不稳定的恒星(右边)之间的边界。沿林忠四郎线移动的恒星将是完全对流的。当太阳演化离开主序带时，在赫罗图上它将向右侧移动。当它的半径增大且表面温度下降时，它就会碰到林忠四郎线。因为它不能越过此线，所以它只能垂直移动并变成红巨星。

阶段，温度梯度将超过临界温度梯度(绝热温度梯度)，那么恒星将变成对流的。图 12.4 中近乎垂直的虚线被标记为林忠四郎线，它是完全对流的恒星的轨迹(严格地说，它是给定了质量和化学组成的恒星的轨迹)。这意味着在这条线上的所有恒星都是完全对流的。但是林忠四郎线还有更为重要的意义。在没有进行详细论证前，我们仅仅提到在林忠四郎线右侧的区域中恒星是不能处于流体静力学平衡的。恒星演化至红巨星的轨迹如图 12.4 所示。当恒星移动到图的右侧，它会碰到林忠四郎线。在那个点上，它会变成完全对流的。因为它不能越过这条线，它会随着它的光度的急剧增加而上移。

181

氦 弹

即便恒星变成一颗巨星，氦核球的质量仍一直在增长。随着氦核球质量的增长，它会收缩，它的温度也将会升高。这似乎与我先前所说的相反。我认为理想气体核球会因收缩而温度升高，但收缩的简并核球温度并不会升高（见图 11.8 和图 11.9）。这是对的。在目前的情况下，由于第二个原因，核球的温度升高了。因为简并核球具有很高的热导率，它将与周围的壳层保持相同的温度，此时壳层中的氢在继续燃烧。如前所述，当核球的质量增加时，壳层的光度急剧增加[参看公式（12.1）]，而且壳层的温度升高，就像是核球被越来越热的热板围绕着。在某个阶段，核球的温度将达到 10^8 K，那么氦可以烧起来。数值计算表明，当氦核球的质量增长到如下数值时，氦开始聚变为碳和氧。

182

$$\boxed{M_{核}(氦点燃) \approx 0.45 M_\odot。} \tag{12.2}$$

值得注意的是，当氦可以点燃时，核球的这个临界质量是独立于恒星质量的。现在恒星是如此臃肿（$R \approx 50 R_\odot$），以至于其核球不会被覆盖在它上面的包层所影响！

当简并核球中的氦被点燃时，所有简并电子将挣脱简并！原因如图 12.5 所示。

当核球的氦被点燃后，不活跃的核球从现在起就有了一个新的能源。这将使核球的温度升高并将加快核聚变反应。但是，由

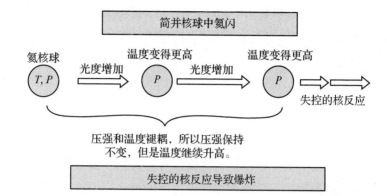

图 12.5　简并电子挣脱简并

注：由于红巨星的氦核球是简并的，当氦被点燃时它就会遇到麻烦。因为没有安全阀，此时会有一个失控的核反应。在很短的时间内（直到安全阀打开），将会产生令人难以置信的巨大的光度。但是因为它被吸收了，所以不能直达表面。

于核球是简并的，核球的压强不会因温度的上升而增加。记住，当满足 $k_B T \ll E_F$（这是强简并的条件）时，作为一个很好的近似，压强是独立于温度的；压强正比于 $\rho^{\frac{5}{3}}$。由于压强并不增加，所以核球不会膨胀。由于核球现在比氦聚变刚开始时温度更高，所以核反应将进行得更快。我们在第 11 章讨论过的 3α 反应对温度极为敏感，反应率随温度变化为 T^{40}。因此，我们将有一个失控的能源——氢弹！在核球的氦被点燃的几秒钟内，所产生的光度大约是太阳光度的 10^{11} 倍！这个巨大的能量在恒星内部很容易被吸收掉。

为什么恒星不会被炸得"灰飞烟灭"呢？这是因为氢弹将很快消失！随着核球温度的急剧上升，核球的简并将变得越来越弱。很快，$k_B T$ 将变得与 E_F 相当，然后 $k_B T \gg E_F$。核球将不再是简并的，它变成了理想气体。当这种情况发生时，安全阀就开始起作用了。如图 12.6 所示。

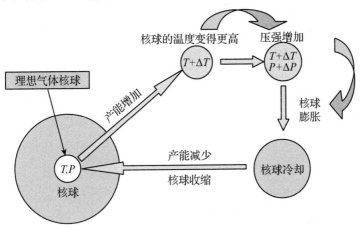

图 12.6 安全阀

注:当简并氦核球的温度变得越来越高时(由于能源产生失控),核球将不再是简并的,恒星将进入一个新阶段;$k_B T$ 会变得远远大于 E_F。一旦核球不再简并,温度升高会导致压强增大,安全阀就会打开。恒星就从灾难中得到了拯救!

在理想气体中,温度升高会直接导致压强增加。而压强的增加会使核球膨胀。由于膨胀过程要做功,核球将冷却。这将降低产能率,致使核球再次收缩,半径变为原来的半径。这正是太阳内部正在工作的安全阀。正是这个安全阀阻止了太阳被炸毁。

总结一下以上的讨论,当太阳中心的氦被点燃时(从现在算起大约还有 70 亿年),它将非常接近自我毁灭。幸运的是,在这种情况发生之前,安全阀会起作用。但是,正如我们将在下一章中看到的那样,在演化的后期阶段这样的拯救是不能得到保证的!

184

氦核球燃烧

一旦核球变得不再简并，危险就过去了，核球中的氦将以稳定的方式开始聚变。记住，围绕着核球的氢壳层依然在燃烧。核球开始聚变，这就会导致核球膨胀。当核球膨胀时，整个恒星会收缩；镜像原理又开始起作用了(见图 12.7)。这将导致恒星收缩。核球膨胀还有另一个后果。核球的温度会下降，燃烧氢壳层的温度也将下降，从而导致恒星的光度和红巨星阶段相比会下降。因此，在赫罗图上太阳的位置将下降。

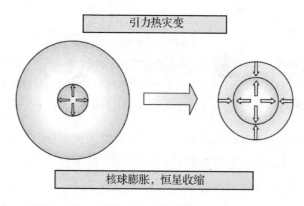

图 12.7　镜像原理

注：当核球的氦开始燃烧后，核球将膨胀。这将导致外面的包层收缩。红巨星将再次变成矮星。

超巨星

在这个阶段会发生两件事。由于围绕着氦核球的氢壳层中发生了核聚变，氦核的质量会增加。与此同时，氦将聚变为碳和氧(在上一章中已讨论过)。一段时间后，在氦核球的中心就形成了一个碳—氧核球。不活跃的碳—氧核球将被两个燃烧壳层包围：内壳层中氦将发生聚变，外壳层中氢将发生聚变。

正如不活跃的氦核球早先收缩一样，不活跃的碳—氧核球由于它上面覆盖层的质量，它也将收缩。结果是，恒星将再次膨胀。由于碳—氧核球比原来不活跃的氦核球更致密，其收缩过程所释放的引力势能更大。因此恒星膨胀后其半径将比红巨星的半径更大，并成为红超巨星。这样一颗红超巨星的内部结构如图 12.8 所示。

185

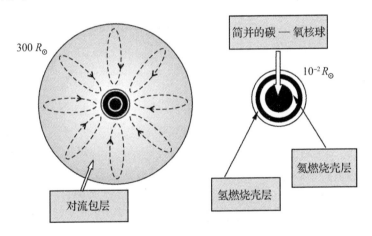

图 12.8　红超巨星的内部结构

注：收缩的、不活跃的碳—氧核球将使恒星膨胀为一个超巨星。当太阳变成一个超巨星时，它的半径将比目前的半径大 300 倍，这远远大于目前地球绕太阳公转的轨道半径。地球和内行星将被太阳吞没！不活跃的简并核球将被燃烧的氦壳层包围，外面还有一个燃烧的氢壳层。

注意超巨星的半径约是太阳半径的 300 倍，这意味着当太阳成为一个超巨星时，它会吞噬掉地球和其他内行星。但不要担心，在数十亿年内还不会发生这件事！

图 12.9 总结了太阳的演化过程，从目前的主序阶段开始，一直到它成为一颗红超巨星。

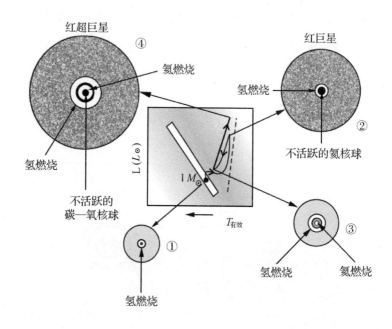

图 12.9　太阳的演化过程及其特征

注：图中心那个方块显示了在赫罗图上像太阳一样的恒星的演化轨迹。各个阶段恒星的结构在图中均显示了出来。

实测的赫罗图

现在让我们用观测数据来分析这些理论结果。做这件事最好的办法就是用实际数据构建一个赫罗图，并与图 12.9 中心的插图进行比较。使用观测结果构建这样的赫罗图已经持续了一个多世纪，主要的困难是如何精确测定恒星的距离。显然，把观测到的恒星亮度转换为恒星固有的亮度或光度，恒星的距离是计算过程中不可或缺的。视差测量是确定附近恒星的距离的最佳方法之一。大家应该记得,视差是对我们而言天空中一颗较近的恒星相对于遥远的恒星来说,其位置的角度变化,这是因为地球围绕着太阳 *186*
在公转而产生的。图 12.10 解释了这一现象。

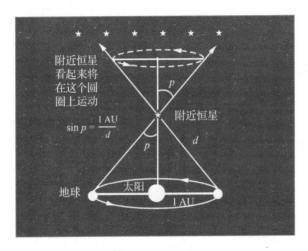

图 12.10　恒星的视差运动

注:相对于非常遥远的恒星来说,观察附近恒星时的视线方向将随着地球绕太阳公转时的位置的变化而改变。因为我们已经知道地球的公转轨道半径,通过测量图中定义的视差角,我们可以估计出附近恒星的距离。

大家无疑是熟悉视差这个概念的。想象你们坐在火车上旅行,并坐在靠窗的座位上。大家会看到相对于遥远的山峰或一些类似的地标,附近的风景(如树木、灯柱,或房屋)会出现移动。这就是视差移动现象。当你们看天空中的星星时,也会看到类似的现象。相对于非常遥远的恒星来说,观察附近恒星时的视线方向将随着地球绕太阳公转时的位置的变化而改变。每六个月,地球在轨道上运行近 3×10^8 km。地球—太阳的距离(定义为一个天文单位)大约是 1.5×10^8 km(或 150 个太阳半径)。因此,地球绕太阳公转的轨道直径大约是 3×10^8 km。显然,当地球分别处于轨道上截然相反的两端时,所得到的视差变化将是最大的。当地球绕着
187 太阳公转时,相对于遥远的恒星来说,附近恒星看起来就像是在一个圈上移动。图 12.10 解释了视差变化和附近恒星的距离之间的关系。大家可能对恒星视差的历史有点兴趣吧。

古希腊人曾对宇宙是以太阳为中心还是以地球为中心而展开争论。其中日心说体系的坚定代表人物之一是萨摩斯(Samos)的阿里斯塔克斯(Aristarchus,公元前 320—前 250 年)。他明确地表示,如果地球围绕着太阳公转,那么天空中较近的恒星相对于遥远的恒星来说就会出现移动。他寻找过这个效应不过没有探测到任何视差运动。但是他并没有放弃他的日心说宇宙模型。相反,他认为,恒星一定是非常遥远的!没多久,非常著名的天文学家、数学家和地理学家依巴谷(Hipparchus,又翻译为喜帕恰斯,公元前 190—前 120 年)为探测视差运动进行了系统的研究。顺便说一句,依巴谷是三角几何学的创始人!他也没有探测到任何视差。天空中恒星位置的视差变化是非常微小的(小于 1 角秒),直到望
188 远镜出现,人们才探测到了它。1838 年,著名的天文学家、数学家贝塞尔有幸成为第一个探测到视差变化的人。

1989 年,ESA 发射了一颗卫星并命名为 HIPPARCOS(高精度视差采集卫星),用来精确地测量恒星的距离。选择这个缩写是为了纪念两千多年前的依巴谷先生!人们也称它为依巴谷卫星,被依巴谷卫星精确地测量出了距离的恒星已经超过了一百万颗。它可以为天文学家服务的事情之一就是让天文学家可以用大量的恒星数据构建赫罗图。图 12.11 是利用依巴谷卫星获得的数据画

出来的赫罗图。这个图包含了 20 000 多颗恒星! 主序带清晰可见。我们也看到了大量的类太阳恒星演化到了巨星支。在图的左下角也可以看到几颗白矮星。

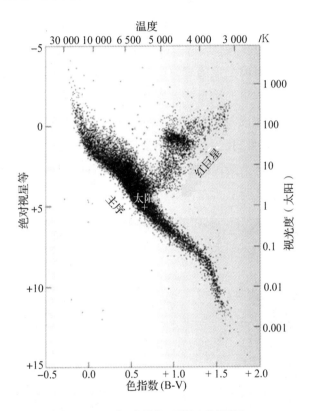

图 12.11 利用依巴谷卫星得出的赫罗图

注:这是迄今为止人们绘制出的最好的赫罗图之一。此图包含 20 000 多颗恒星,依巴谷卫星测量了它们的距离和颜色,精度分别优于 10% 和 25%。图中可以清晰地看到类似太阳的恒星已经演化离开了主序带并进入巨星支。[致谢迈克尔·佩里曼(Michael Perryman)和 ESA]

热脉冲和物质抛射

189　　当太阳变成一颗超巨星时，它将处于危险状态。它内部的两个燃烧壳层会耦合在一起并变得热不稳定。

　　这会产生被称为热脉冲的周期性现象。这些热脉冲的结果是，恒星的光度和表面温度随着每次脉冲会有明显的变化。在这个热不稳定阶段，恒星的质量将急剧减小。包层底部壳层中的氢正在聚变为氦；与此同时，表面的质量正在减小。当我们定性地理解了所有这一切时，我们对一些细节仍然不太清楚。我们足够清楚的事情是，在这个阶段物质喷射产生了那种大家熟知的行星状星*190*　　云，如图 12.12 所示。

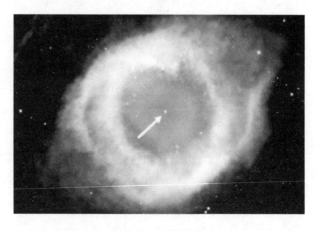

图 12.12　螺旋星云

　　注：在红超巨星喷射出的包层的中心，大家可以看到恒星的核球。当它冷却下来，它就变成了一颗简并的白矮星。这样的星云被称为行星状星云。[致谢 NASA、ESA、奥德尔（C. R. O'Dell，范德堡大学），以及梅克斯纳（M. Meixner）、麦卡洛（P. McCullough）和培根（G. Bacon）（太空望远镜科学研究所）]

随着包层被喷射出去，炽热的碳—氧核球将逐渐裸露出来。 *191*
原来的恒星的遗留天体将在赫罗图上向左移动，这是因为在赫罗
图上向左边移，表面温度是升高的。当包层完全丢失掉后，只有
简并核球留存下来，太阳将"寿终正寝"，变成了一颗碳—氧白矮
星！图 12.13 总结了像太阳一样的低质量恒星的生命历程。

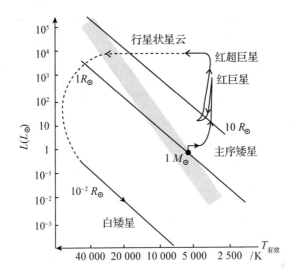

图 **12.13** 像太阳一样的低质量恒星的生命历程

第 13 章　中等质量恒星的一生

氦核

　　现在我们来讨论中等质量恒星（$2.5M_\odot \sim 9M_\odot$）的演化。它们位于赫罗图上主序带的上部（见图 12.1）。这些恒星与像太阳那样的低质量恒星的本质区别在于氦核球的特性和它的行为。以太阳为例，其核球处于辐射平衡。氦核球的形成（由于氢聚变）仅仅取决于所处位置的氦产生率。这导致氦核球从无到有，逐渐形成。而且一旦形成，氦核球就进入简并状态。核球质量在不断增大，本质上是因为核球周围壳层中的氢燃烧。因此，核球质量增大的时标是以核时标来衡量的，会持续约数十亿年。这就是为什么恒星转变成巨星的过程是一个渐进的过程，所以我们可以看到处于这个阶段的恒星。

　　相比之下，主序带上部的恒星的核球是对流的。由于对流，越来越多的来自中心区域外围的氢被带进中心区域，那里正好满足聚变反应的条件。相应地，这些氢会转变为氦。因此，人们期望在中心氢燃烧阶段结束时会有大量的氦产生，而且这个氦核球将不会简并。

勋伯格—钱德拉塞卡（Schönberg-Chandrasekhar）极限

　　因此，当主序阶段结束时，中等质量恒星将形成一个比较适中的氦核球，周围有一个富氢的包层。该氦核球不活跃，它是等温的。这样的恒星模型（等温的氦核球被氢包层包围）是由钱德拉塞卡和他的研究助理勋伯格（Schönberg）在 1942 年提出的。他们得

出的最重要的结论(后被证实)如下:

当等温核球的质量超过临界质量时，核球就不会有平衡结构。

勋伯格和钱德拉塞卡估计这个等温核球的质量上限大约是恒星质量的 10%。

$$M_核（勋伯格－钱德拉塞卡极限）\sim 0.1 M_恒星。$$

人们习惯定义 $q=\dfrac{M_c}{M}$ 为核球质量与恒星质量的比值。等温核球的质量上限就是人们熟知的勋伯格—钱德拉塞卡极限：$q_{sc}=0.1$。这个极限质量肯定超过了主序带上部恒星的中心氢燃烧后留下的氦核球的质量。那么，这个极限的意义是什么呢?

图 13.1 解释了这一点。该图展示的是有等温核球和包层的，质量是太阳质量的 3 倍的恒星的一系列平衡解。图上纵轴代表等温核球的半径，横轴代表核球的质量。正如大家看到的，该曲线有三个分支。实线代表热稳定分支，虚线代表热不稳定的模式。当核球的质量较小时，恒星位于上部的分支上。在此分支上，核球是非简并的。这对应于一颗接近主序带的矮星。壳层中氢燃烧导致核球质量增大，图上的核球将沿着上部的分支移动，同时与包层保持平衡。这将一直进行下去，直到核球质量达到转折点 q_{sc}，即勋伯格—钱德拉塞卡极限。当核球质量超过这个临界值时，下部的分支是唯一的平衡模式，此时核球不得不间断性地收缩。核球的突然收缩将伴随着恒星的膨胀，在赫罗图上恒星将从主序带附近迅速移动到林忠四郎线附近，如图 13.2 所示。

194

195

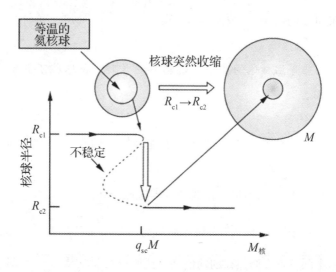

图 13.1 勋伯格—钱德拉塞卡极限

注：这是非简并等温核球的半径与质量关系图。随着核球质量的增大，恒星沿图中上部的分支移动。当核球的质量达到一个临界值时，大约是恒星质量的10%，唯一稳定的分支对应的是一个更小的核球半径。因此，核球会突然收缩，导致恒星突然膨胀为一个巨星。

最主要的结论就是核球将以一种突然的方式收缩，而恒星将膨胀成为巨星。在最近这些年里，我们通过详细的数值计算证实了这个结论。核球收缩和恒星膨胀在很短的时间内就发生了，大约是几百万年。对比一下类似太阳的恒星，其年龄为数十亿年。由于中等质量恒星从主序带上到巨星支上的演化非常快，因此人们不能在这一过渡过程中看到它们。

196 事实上，在赫罗图上有一个被称为赫氏空隙的区域，其中很少出现恒星。在图13.3中可以看到这个情况(这是图12.11的复制版)。这是根据依巴谷卫星获得的数据绘制出的赫罗图。我们清楚地看到质量约与太阳质量一样的恒星从主序带上开始演化，进而

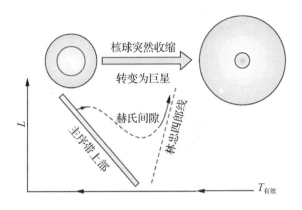

图 13.2　赫氏间隙的解释

注：此图显示了当核球质量达到勋伯格—钱德拉塞卡极限时，在赫罗图上中等质量恒星的轨迹。恒星原来是靠近主序带的，但随着核球突然收缩和包层随之膨胀，恒星迅速向林忠四郎线移动。从那时起，它就升到了巨星支上。由于过渡到巨星的过程是非常迅速的，是以热时标而不是以核时标来考量的，因此我们不可能捕捉到处于此过渡过程中的许多中等质量恒星。确实，在赫罗图上的这个区域中，实际上很少能看到恒星，所以这个区域被标识为赫氏空隙。

升至巨星支上，但是我们没有看到更大质量的恒星演化成巨星的中间过程。

在很长一段时间里，这都是一个难题。根据当代的研究结果，当核球质量达到勋伯格—钱德拉塞卡极限时，核球的突然收缩会导致恒星膨胀，这便是赫氏间隙的解释。

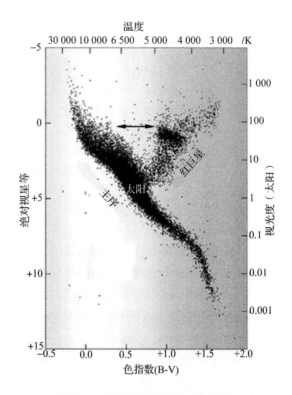

图 13.3　利用依巴谷卫星得出的赫罗图

　　注：把近 20 000 多颗恒星的依巴谷卫星数据画在赫罗图上，赫氏间隙则清晰可见。我们看到数以千计的低质量恒星已经演化，离开了主序带并升入巨星支。而在主序带的上部和巨星支之间恒星的数量极少。现在普遍认为这个间隙是由中等质量恒星突然过渡为巨星造成的，这个突然过渡是由于存在勋伯格—钱德拉塞卡极限。[致谢迈克尔·佩里曼和 ESA]。

中心氦燃烧

　　核球的快速收缩将导致核球的温度升高。当温度达到 10^8 K 时，氦核球将开始聚变。质量大约是 $5M_\odot$ 的恒星，在其年龄大约是六千万年时出现这种聚变。相比于质量为 $1M_\odot$ 的恒星在其年龄大约为 80 亿年时出现这种聚变，这是一个相对较短的时间。对太阳而言，它会在下一个 30 亿年中继续燃烧核心的氢！此外，由于中等质量恒星的氦核球不会简并，因此不会有氦闪；安全阀是开启的而且氦燃烧是安静的。当氦开始燃烧的时候，恒星将变成红巨星，会位于靠近林忠四郎线的区域。因此，人们会期待恒星是高度对流的，详细的计算结果证实了这一点。外层对流区扩大，渗入内部，甚至到达非常深的区域。恒星的质量越大，对流区渗入得越深。这种大规模的对流使中心附近的核燃烧产物被带到了恒星表面；对流起到了输送的作用，可以这么说，它将表面和深层内部连接了起来。一旦这些核产物被输送到恒星表面，人们就可以通过光谱看到它们并开展研究了。

大家应该还记得当恒星处于主序带中时（核心的氢燃烧），主序带上部的恒星会有辐射包层，对流的核球。当核心的氦燃烧时，核球将继续保持对流。氦燃烧对温度的高度敏感性会使产能区高度聚集，从而导致核球的温度梯度产生急剧变化。相应地，这会导致核球的对流不稳定。现在，由于恒星靠近林忠四郎线，外层也会是对流的。

正如我们在前面章节中所讨论的，3α 反应生成碳：$3\alpha \rightarrow {}^{12}C$。当碳不断地增加时，由于 ${}^{12}C + {}^4He \rightarrow {}^{16}O + \gamma$ 的反应，氧开始形成。当 ${}^4He$ 被耗尽后，生成 ${}^{16}O$ 变得比生成 ${}^{12}C$ 更有优势。计算表明，当核心的氦耗尽后，${}^{12}C$ 和 ${}^{16}O$ 的丰度大致相等。对于质量大约为 $5M_\odot$ 的恒星来说，氦燃烧阶段大约持续一千万年的时间，大约是主序阶段的 20%。

197

碳—氧核球

中心区域的氦耗尽后，形成了由碳和氧组成的致密核球，它们的丰度大致相等。氦将在不活跃的碳—氧核球周围的同心壳层中继续燃烧。再往外，有一个氢燃烧的壳层，此燃烧已经持续一段时间了。恒星的光度是由这两个燃烧壳层决定的。氦燃烧壳层将给核球贡献更多的碳和氧。随着核球质量的增加，它将收缩。镜像原理将再次生效。核球的收缩会导致恒星膨胀。核球的收缩也会导致氦燃烧壳层的光度增加。结果是，恒星的光度会增大近 10 倍。

当核球收缩时，在 $\log T$—$\log \rho$ 平面上它将逐步向右边移动，并将很快变成简并的。如图 13.4 所示。

生存还是毁灭！

碳—氧核球变为简并的，不一定是中等质量恒星的故事结束时所必需的。在前一章中，我们看到主序带下部的恒星（$M <2.5 M_\odot$）的核球，当氢耗尽时会变成简并的。因此，当核球的氦最终被点燃时，核球处于简并状态。结果是，会出现一个失控的热核反应（见图 12.5）。幸运的是，由于温度快速升高，核球将停止简并并且在任何损害发生前将安全阀打开（见图 12.6 和相关的讨论）。计算表明，当核球质量增长到 $0.45 M_\odot$ 时，无论恒星的质量是多大，简并的氦核球将被点燃。图 13.4 所示的是示意图。

让我们回到对中等质量恒星的碳—氧核球的讨论中。如果核球周围壳层中的氦没有继续燃烧，那么这将是恒星故事的终点。简并核球将会在恒定密度下冷却，并变成一颗白矮星。但是恒星不会这样平静地死亡！由于氦燃烧壳层中会产生越来越多的碳和氧，核球的质量会增大。但是核球现在是简并的，它的半径随着质量的增大而减小（回忆一下简并星的质量和半径之间的反比关系）。更重要的是，如果没有机制可造成热量损失的话，收缩过程

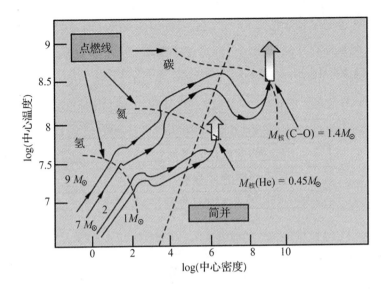

图 13.4　简并的碳核球的轰爆

注：该图所展示的是计算得出的低质量和中等质量恒星的核球的演化轨迹[这个图改编自基彭哈恩(Kippenhahn)和威格特(Weigert)所著的教材《恒星结构和演化》(*Stellar Structure and Evolution*)]。对于低质量恒星来说，氦核球会变成简并的。只有当简并核球的质量增大到 $0.45M_\odot$ 时氦才被点燃。这将在一段时间内导致产能失控。因为核球再次移动到虚线左边并变成非简并的，恒星得以拯救。而对于中等质量恒星来说，氦核球仍然是非简并的，但是它们的碳—氧核球却变成了简并的。中微子发射致使温度骤然下降，只有当核球的质量达到 $1.4M_\odot$ 时，简并的碳核球才会被点燃。如果核球确实达到了这个质量，将会出现一个爆炸性的碳轰爆，整个恒星将被炸毁！

中所释放出的引力势能将加热核球。

　　在极高的密度和温度下，有一个重要的新型冷却机制。在温度约低于 10^8 K，以及密度约小于 10^7 g/cm^3 时，冷却的主要机制是发射光子。在更高的温度和密度中，发射中微子是主要的冷却机制。因为中微子逃逸很容易，所以它非常有效。到目前为止，只在核反应那部分内容里我们遇到了难以捉摸的中微子。我们首

先在 β 衰变那部分遇到了它，之后各种聚变反应的内容中也涉及了它。但是还有其他过程也可以产生大量的中微子，这些过程与核反应无关。图 13.5 总结了这些内容。

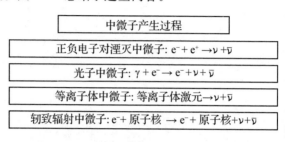

图 13.5　在非常高的温度下，很多过程都会产生中微子

1. 正负电子对湮灭中微子。当温度约高于 10^9 K 时，黑体辐射谱尾部的光子可以产生电子—正电子对。条件是，光子的能量必须大于两倍的电子的静止质量能量：$h\nu \geq 2mc^2$（记住，电子和正电子具有相同质量）。这些电子—正电子对会很快湮灭，每一个这样的湮灭将产生两个或三个光子。然而，湮灭产生中微子—反中微子对的概率非常小。在 10^{19} 次湮灭中会发生一次。在我们正在考虑的条件下，这是一个非常重要的过程。

2. 光子中微子。$\gamma + e^- \rightarrow e^- + \nu + \bar{\nu}$。大家可能记得康普顿散射这个过程。X 射线或 γ 射线光子散射电子并改变它的能量。在非常罕见的情况下，散射光子被中微子—反中微子对所取代。

3. 等离子体中微子。之前我们遇到过电子气体，但我们还没有机会讨论这种气体的重要性质。在正电荷的背景下（为了使系统呈现电中性），电子可以进行集体振荡。这些集体振荡被称为等离子体激元。这些量子振荡的特征频率由下式给出：

$$\omega_p^2 = \frac{4\pi n e^2}{m_e}。$$

200

等离子体波的能量取决于它的波长，正如声波的能量取决于它的波长一样。但是我们不会离题去讨论那些细节。对金属、地球的电离层等来说，等离子体振荡在电磁波的传播中起着非常重要的作用。分析目前的情形，重要的事情是这些等离子体振荡可通过创造出中微子—反中微子对来损失能量。

4. 轫致辐射中微子。当电子散射原子核时（由于两者之间的库仑相互作用），它将经历加速（或减速）过程，并会发出辐射。这个过程被称为轫致辐射（或制动辐射）。大家可能会感兴趣，这就是在 X 射线发生器（在医院里很容易找到）中，X 射线产生的原因。在极高的密度和温度下，减速电子可以创造出中微子—反中微子对。所有这些过程对温度都是非常敏感的，随着温度的升高，中微子光度也急剧升高。

现在让我们回到对碳—氧核球的讨论中，它的质量在不断增大，它在收缩和绝热升温。如果它的温度达到 5×10^8 K，碳可以聚变。不幸的是，如果这确实发生了，就会有一个失控的热核反应出现（见图 12.5），恒星将炸毁自己！因此，恒星能否存活或通过点燃碳轰爆它自己，取决于中微子发射引起的冷却效应的效果。显然，有两个相互竞争的效应：

(1)在聚变反应中释放能量（它会加热核球）。

(2)由于中微子的发射而损失能量（它会冷却核球）。随着温度的升高，这一机制的效率也增加。

详细的计算表明，当核球的质量非常接近于 $1.4M_\odot$ 时，中微子冷却机制起主导作用。换句话说，只要核球的质量小于 $1.4M_\odot$（见图 13.6），中微子发射导致碳—氧核球冷却，使核球的温度不能达到点燃碳所需的温度。顺便说一下，核球质量的这个临界值与钱德拉塞卡极限质量（大约等于 $1.4M_\odot$）无关！这或者只是一个

201

202

大概的巧合，是吗？

　　如果恒星的质量大于 $1.4 M_\odot$，碳—氧核球的质量没有理由达不到这个临界质量。由此可以预计所有核球质量大于 $1.4 M_\odot$ 的恒星将炸毁自己。直到 20 世纪 80 年代末，这才被看作是所谓 I 型超新星的爆发机制，这种爆发后没有恒星残余留下。

　　接着，各方面的证据表明质量小于 $9 M_\odot$ 的恒星会拯救自己免受这种碳轰爆的灾难。改变整个场景的主因是人们在年轻的星团中发现了白矮星，如昴星团，如图 13.7 所示。

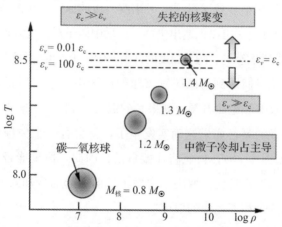

图 13.6　中微子冷却效应拯救恒星

　　注：当简并的碳—氧核球的质量增大时，它会收缩（记住简并天体的质量和半径之间的反比关系）。所释放出的引力束缚能将加热核球，所以核球将往该图的右上方移动。在加热核球的同时，由中微子发射引起的冷却越来越占主导地位。事实上，如果碳被点燃，能量释放导致的核球突然被加热，将造成中微子的冷却急剧增强，结果碳燃烧将被熄灭。换言之，中微子发射引起的冷却控制着聚变反应所释放的能量。这样的过程一直持续着，直到核球质量增长到 $1.4 M_\odot$。超越这个临界质量，碳燃烧释放的能量会超过因中微子发射而损失的能量。不幸的是，此时碳燃烧反应将会失控，而恒星将被炸毁。

图 13.7　昴星团

注：或称七姐妹星团，是含有中年热星的疏散星团，它位于金牛座中。它是
离地球最近的星团之一，也是在夜空中用肉眼能看到的最明显的星团。昴星团在
不同的文化和习俗中具有不同的含义。

昴星团距离我们约 350 光年远，它包含的星星超过 1 000 颗。这
个星团主要是由热的、蓝色的且非常明亮的恒星构成的，它们是在
过去 1 亿年里形成的。因此，它是一个年轻的星团，这些恒星可能
是在同一个事件中诞生的。另外，在这个星团中有很多白矮星。可
以相当肯定的是，这些白矮星是该星团的原始成员。如果我们接受
白矮星是质量比钱德拉塞卡极限质量 $1.4M_\odot$ 小的恒星的终结状态这
一概念，那么我们将面临一个严重的困境。我们已经看到，类似太
阳这样的低质量恒星在主序演化阶段将花费数十亿年的时间。然而，
这个星团只有大约 1 亿岁！那么白矮星是如何形成的呢？

图 13.8 展示了像昴星团这样的年轻星团的赫罗图。注意，只
有零龄主序上部的恒星，其质量大于拐点处的恒星质量，已经演
化离开了主序带，并结束了它们的一生。对于质量小于拐点处的
恒星质量的恒星，在主序阶段的演化时间会远远超过星团的年龄。

因此，它们仍然在主序带上。显然，拐点质量取决于星团的年龄。星团越老，拐点质量越小。例如，球状星团和银河系本身一样古老(有百亿年那么老)。在这些星团中，人们发现当中只有质量非常小的恒星。所有其他的恒星有足够的时间来演化，"寿终正寝"最终变成了白矮星或中子星。而像昴星团和毕星团这样的年轻星团，拐点质量大约是 $6M_\odot$ 或 $7M_\odot$。意思很明确：只有质量比 $7M_\odot$ 大的恒星才有足够的时间演化并离开主序带。因此，这些星团中的白矮星便是比拐点质量还大的恒星的终结状态!

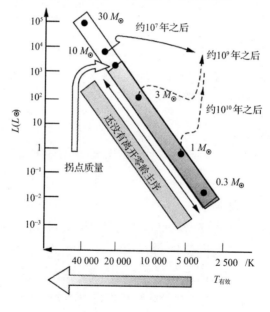

图 13.8　星团的赫罗图

注：请记住，星团中所有恒星都是同时诞生的。由于大质量的恒星演化得很快，所以大质量的恒星会演化离开主序带，甚至结束了它们的一生。只有主序寿命大于或等于星团年龄的恒星仍然待在主序带上。主序星的最大质量被称为拐点质量。像昴星团这样的年轻星团，其拐点质量有 $6M_\odot$ 或 $7M_\odot$ 那么大。注意这些星团中还有白矮星。星团中只有质量比拐点质量大的恒星，才有可能平静地结束自己的一生变成白矮星!

这怎么可能呢？一颗恒星，比如其质量是 $8M_\odot$，应该是会炸毁自己的。这样的恒星的碳—氧核球的质量很容易增长到 $1.4M_\odot$，此时碳会被引燃，导致恒星的轰爆。避免这一后果的唯一方法就是，恒星损失大量质量，从而防止核球质量增长到临界质量，如图 13.9 所示。最近这些年，有很多恒星质量损失的观测证据。质量损失可能出于各种原因：

1. 从表面吹出来的强星风。

2. 由于恒星的快速旋转造成的质量损失。

3. 恒星热脉动时周期性地抛射物质。

4. 核球突然收缩，导致恒星包层突然膨胀（回顾一下勋伯格—钱德拉塞卡极限）等。

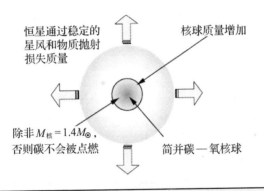

恒星通过稳定的星风和物质抛射损失质量

核球质量增加

除非 $M_核=1.4M_\odot$，否则碳不会被点燃

简并碳—氧核球

在核球质量增长到 $1.4M_\odot$ 之前，如果包层损失掉，那么碳不会被点燃。核球将变成一个碳—氧白矮星。

图 13.9　恒星质量损失

图 13.10 显示了三个不同初始质量的恒星的演化时间序列。在此，$M_1 > M_2 > M_3$。简并的碳—氧核球质量在增长，即便恒星从其表面损失质量。质量大于 M_2 的恒星，在包层完全丢失之前，核

206   球的质量会增长到临界质量。这些恒星核球的碳会被点燃，导致恒星爆炸。质量小于 M_2 的恒星，在核球的质量增长到临界质量之前，包层完全丢失。这样的核球会以恒定的密度冷却下来，并结束其一生形成白矮星。

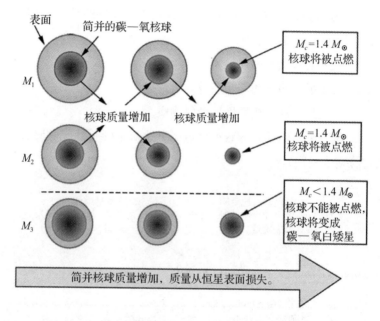

图 13.10   三个不同初始质量的恒星的演化时间序列，$M_1 > M_2 > M_3$

注：即便简并的碳—氧核球的质量在增加，但由于各种过程恒星会丢失其包层。注意，核球质量增加，其半径会减小。如果在核球质量达到 $1.4 M_\odot$ 的临界值之前，恒星失去了所有包层，那么碳就不会被点燃，核球将成为一颗白矮星。因此，质量小于 M_3 的恒星将平静地死去，形成碳—氧白矮星。

像昴星团、毕星团这样的年轻星团中都有白矮星，这就表明质量小于 $9M_\odot$ 的恒星会"寿终正寝"，形成白矮星（见图 13.11）。虽然人们可能会争论形成白矮星的恒星的上限质量是否为 $8M_\odot$ 或

$9M_\odot$，但是有令人信服的观测证据表明上限质量确实在这个范围内。

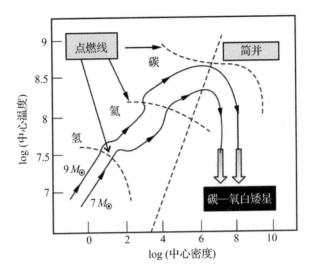

图 13.11　质量小于 $9M_\odot$ 的恒星最终会成为碳—氧白矮星

　　注：对昴星团、毕星团这样的年轻星团中的白矮星的观测支持这样的结论，质量约为 $9M_\odot$ 的恒星最后将结束其一生成为碳—氧白矮星。恒星损失足够的质量以阻止其核球质量增长到 $1.4M_\odot$。

　　本章的主要结论是，中等质量恒星（质量范围为 $2.5M_\odot$ — $9M_\odot$）会平静地结束其一生成为碳—氧白矮星。在前一章中，我们总结到主序带下部的恒星也终将"死亡"变成白矮星。质量小于 $0.5M_\odot$ 的恒星将无法点燃在主序阶段形成的氦；它们的核球的温度永远不会变得足够高从而让这个事情发生。如果它们设法丢掉了氢包层，它们将平静地结束其一生变成氦白矮星。但问题是，这样一颗低质量恒星的演化时间超过了目前宇宙的年龄！因此，我们在银河系中偶然发现的氦白矮星一定是通过不同的途径形成的。有一种可能性是恒星把它的整个氢包层丢给了它的密近伴星。但是我们不会讨论所有这些细节。

重要的事情是，质量在 $9M_\odot$ 以内的所有恒星都会"寿终正寝"。它们有足够的能量来冷却！

第 14 章 天空中的钻石

白矮星家族

图 14.1 总结了质量约小于 $9M_\odot$ 的恒星的最终命运的最后结
论。大家很想知道有多大比例的恒星会结束其一生变成白矮星。
为此，我们必须研究星系中恒星的初始质量函数（IMF）。初始质量
函数通常用 $\psi(M)\,\mathrm{d}M$ 来表示，它是指每年每立方秒差距中形成的
质量介于 M 与 $M+\mathrm{d}M$ 之间的恒星数量。1 个秒差距是指视差角为
1 角秒时到恒星的距离（见图 12.10）；1 个秒差距约等于 3 光年。
1955 年埃德温·萨尔皮特（Edwin Salpeter）发现：

$$\psi(M)\,\mathrm{d}M = 2\times10^{-12} M^{-2.35}\,\mathrm{d}M \text{ 颗恒星/年/立方秒差距}。$$

$$(14.1)$$

图 14.2 描绘了这个著名的萨尔皮特初始质量函数。这个函数
将使我们能够确定有多大比例的恒星将结束其一生成为白矮星，
以及有多大比例的恒星将变成中子星或黑洞。从 $0.5M_\odot$ 到 $9M_\odot$ 曲
线下的面积与从 $9M_\odot$ 到 ∞ 曲线下的面积的比值将给出白矮星前身
星的数量与中子星和黑洞前身星的数量的比值，

$$\frac{\text{白矮星前身星的数量}}{\text{中子星和黑洞前身星的数量}} = \frac{\int_{0.5}^{9}\psi(M)\,\mathrm{d}M}{\int_{9}^{\infty}\psi(M)\,\mathrm{d}M}。 \qquad (14.2)$$

一个简单的练习会告诉大家，98％的恒星都会变成白矮星。
同样有趣的问题是：多大比例的物质必定会变成白矮星？要得到
这个问题的答案，我们必须做的事情就是用恒星的质量 M 乘初始

质量函数并进行积分。大家试着说服自己，形成恒星的所有物质的94％，要么已被锁定为白矮星，要么还在恒星里但最终也将成为白矮星。只有6％的物质是以中子星的形式存在的，或者还在恒星里，最终也将成为中子星或黑洞。

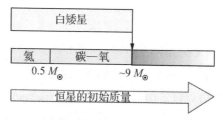

图 14.1   质量约小于 $9M_\odot$ 的恒星的最终命运

注：这个图总结了关于质量约小于 $9M_\odot$ 的恒星的最终命运的最后结论。质量小于 $0.5M_\odot$ 的恒星原则上也会结束其一生变成氦白矮星，但是绝大多数恒星会死亡并变成碳—氧白矮星。

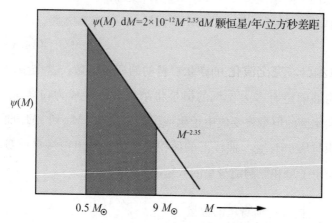

图 14.2   恒星的初始质量函数

注：该图展示了萨尔皮特的初始质量函数。$\psi(M)\,\mathrm{d}M$ 是指每年每立方秒差距中形成的质量介于 M 与 $M+\mathrm{d}M$ 之间的恒星数量。阴影区表示的是我们所有恒星中要么已经死亡变成了白矮星，要么最终也会变成白矮星的那部分。

这有一个有趣的含义。根据我们银河系目前的年龄来看，大约一半的物质是以恒星的形式存在的，而另一半则是以巨大的星际气体云的形式存在的。在这些气体云中，恒星会继续形成。但恒星也会向星际介质中抛射气体。然而，只有质量更大的恒星才会发生超新星爆炸，并把它们的大多数物质送回到星际介质中。由于恒星的初始质量函数具有负斜率，在每一代恒星的形成过程中，大多数新出生的恒星是低质量恒星，因此大多数恒星将结束它们的一生，变成白矮星。

最终，星系中将不会留下任何星际气体！而唯一留下的恒星将会是质量非常小的恒星，它们还没有演化完。是否存在这样的系统呢？是的，的确有。我们的银河系包含了数百个非常古老的恒星系统，它们被称为球状星团。一般而言，它们约包含 100 万颗恒星，围绕着一个共同的质量中心运动。这些球状星团几乎没有任何气体。它们的星族几乎完全由质量非常小的恒星组成。质量更大的恒星已经完全演化并结束了它们的一生，留下白矮星、中子星或黑洞。另一种几乎没有留下任何气体的恒星系统就是所谓椭圆星系。它们不像旋涡星系那样平坦（我们自己的银河系就是旋涡星系的一个例子），更像一个橄榄球（一个椭球）。这些星系中气体很少，只有非常古老的低质量恒星占据其中。

白矮星的质量

白矮星质量的测定依赖于光谱学。理论上，白矮星应该是一锅由原子核和简并电子组成的汤。但是大多数白矮星都有一个非常薄且非常纯的大气层。通过观测我们知道，这些大气要么是氢，要么是氦。在白矮星的光谱中可以探测到氢原子或氦离子的发射线。它们都是来自白矮星的薄外层大气。但是，这个外层的质量极其小，大约为 $10^{-4}M_\odot \sim 10^{-3}M_\odot$。确定白矮星质量的方法之一就是确定从其表面发出的谱线波长的引力红移（见第 3 章"天狼星的奇怪伴星"）。用红移与爱因斯坦公式相结合的方法我们可以得到质量和半径的关系。现在人们可以使用白矮星质量—半径的关系来估计质量。虽然这样的估计容易出错，但是人们可以利用非常大的样本，来推导出白矮星的质量分布。这项工作已经完成。

在 20 世纪 90 年代有一个非常有趣的事实：白矮星的质量分布很窄！白矮星的平均质量约为 $0.6M_\odot$。质量分布的宽度仅为 $0.14M_\odot$。这引发了一个问题："为什么质量分布是如此的狭窄呢？"我们不会偏题来讨论这个有趣的问题，但应该至少指出一个能得到合理答案的思维方法。大家回顾一下前一章的讨论（见图 13.10 和图 13.9），即便碳—氧核球的质量在不断增长，但前身星从其表面不断丢失质量。恒星的质量损失率与它所产生的光度有关。相应地，光度是由核球的质量增长率决定的。因此，大家可能会发现核球的质量增长率和恒星的质量损失率之间有一个模糊连接。这样的共谋可能会导致一个收敛的情况出现，造成白矮星有一个几乎唯一的质量，其值具有相对较小的弥散。

磁白矮星

在白矮星中可以探测到相当强的磁场。有两种主要的方式来探测磁场：（1）在光谱中强磁场会产生可测量的圆偏振；（2）塞曼效应——磁场引起谱线分裂（大家可能会想到我们曾经在《恒星的故事》一书中讨论过塞曼效应）。目前，大约有 50 颗磁白矮星，其磁场超过 10^4 高斯（这比太阳的平均磁场大 10 000 倍）。大约有 15

颗磁白矮星的磁场高达 10^7 高斯,还有同样数目的磁白矮星具有
$10^7 \sim 10^8$ 高斯的磁场。有趣的是,大约 15 颗白矮星有 $10^8 \sim 10^9$ 高
斯的磁场。白矮星的磁轴通常不与其转动轴成一条直线。

　　磁场的起源是什么?为什么一些白矮星有巨大的磁场,而其
他的则没有呢?有一个合理的共识是,观测到的磁场是原始磁场
(化石场),即它们不是当前产生的,而是从它们的前身星那儿继
承下来的。大尺度磁场通常是由电流环产生的。这样的电流环由
带电流体的对流运动所驱动。要记住的一点是,在白矮星或中子
星中这种运动是不可能发生的。由于白矮星有致密的和简并的电
子气体,白矮星具有非常高的热导率(由于相同的原因,地球上的
金属也具有较高的热导率)。如此高的热导率将确保白矮星基本上
是等温的,也就是说,没有明显的温度梯度(金属也是这种情形)。
大家应该记得我们以前的讨论,要产生对流,强烈的温度梯度是
必不可少的。对任何发电机的活动而言,对流运动都是必需的。
这就是观测到的磁场必须是化石场的原因。

　　这是怎么回事?大多数恒星都有磁场。一些恒星,如 Ap 星,
有 1 000 高斯的强磁场。由于发电机机制,恒星的核球可能产生这
样的磁场。前身星的核球收缩并变成简并的,由于磁通量守恒,
磁场将被放大。这是磁通量冻结的直接后果。大家可能会记得,
固体物理课程告诉我们高热导率意味着高电导率。热导率与电导
率的比值是一个常数,它与温度成正比。这就是著名的维德曼—
弗兰兹定律(Wiedemann-Franz's Law)。在高电导率介质(如金属
或等离子体)中,磁通量将被冻结。换句话说,要将磁场与电介质
分离必须花费大量的能量。如果我们试着去移动导电物质,那么
磁场将与它一起移动。相反地,如果我们试着去移动磁场,那么

212

磁场就会拖动导电物质。瑞典物理学家汉尼斯·阿尔芬（Hannes Alfvén）首次阐明了这个基本原理，这一发现使他获得了 1970 年的诺贝尔物理学奖。想象一下，在一个半径为 R 的导电球的中心有一个强度为 B 的磁场，磁通量冻结的直接后果就是，当球的半径从 R_1 收缩到 R_2，那么 $B \times 4\pi R^2 =$ 常数。换句话说，

$$B_1 R_1^2 = B_2 R_2^2 。 \tag{14.3}$$

大家从式(14.3)可以看出，在收缩过程中，磁场被放大，放大因子等于半径比值的平方。因此，白矮星的观测磁场是化石场似乎是合理的，在前身星的核球收缩过程中，它被放大了。正如我们将在下一本书中看到的，中子星具有超过 10^{12} 高斯的磁场。白矮星的半径为 10 000 km，而中子星的半径仅为 10 km。因此，如果恒星演化的最终结果是一颗中子星，那么大家可以预测化石场将进一步被放大，放大因子达 10^6。这就得到了磁场为 10^{12} 高斯！

白矮星的冷却

当代有趣的天文话题之一就是白矮星的冷却率。如果人们有一个很好的冷却率理论，那么就可以估算出白矮星的年龄。特别令人感兴趣的是对最冷的白矮星（大概也是最古老的）的年龄测定。有人说："我们银河系中恒星的形成历史是用最冷的白矮星写成的。"换句话说，因为最冷的白矮星是银河系中最古老的恒星的残余，通过研究它们的统计数据，人们有望重建恒星形成率的历史。

如果白矮星没有稀薄的大气，那么冷却理论就很简单了。正如我们前面提到的，简并物质具有很高的热导率和电导率。因此，可以很安全地假设白矮星是等温的，即在任何给定的时刻，在白矮星内温度到处相同。因为白矮星中没有能源，辐射掉的能量只

是原始热量。在没有任何大气的情况下，白矮星显然是作为黑体辐射的。不要被黑体这个词所迷惑。在目前的情况下，任何不透明的物体，如果其中的物质和辐射达到热平衡，那么它将以黑体进行辐射。它发出的辐射光谱被称为黑体辐射。进一步，每单位时间辐射的总能量（或光度）是 $L=4\pi R^2\times\sigma T^4$，其中 T 是温度，R 是恒星的半径，这将导致存储的热量和温度的下降。相应地，这将导致光度减小。这个故事的寓意是，当白矮星变冷时，冷却速度会降低。这可以正式地用下面的公式表示：

$$L\propto(\text{比热})\times M\times\frac{\partial T}{\partial t}。 \tag{14.4}$$

大家应该记得一个物体的热容是由比热乘质量得到的，比热是指每单位质量的热容量。对于像白矮星这样的天体，对其比热做出贡献的是：简并电子气体和理想的离子气体。在此我们不会讨论细节，但结果发现简并电子气体的比热是远小于离子的比热的。换句话说，热能主要是以离子运动形式存在的。虽然简并电子像疯了一样运动，但是那个运动是零点运动，和热量没有任何关系。大家回顾一下，因为离子质量比电子大很多，所以它们仍然可以被看作是一种理想气体。理想气体的比热（在定容情形下）是独立于温度的，并且可由一个非常简单的表达式给出：$c_V=\frac{3}{2}Nk_B$，其中 N 是离子数。这就是著名的杜隆（Dulong）和普蒂（Petit）定律。

但是我们的问题有点复杂（见图 14.3）。白矮星确实有一个大气层。虽然大气层的质量仅为 $10^{-4}M_\odot$，但是它就像一层绝缘毯裹着白矮星。在大气层中热量的传输是由辐射本身完成的，而且这是一个扩散过程。光子的平均自由程由大气物质的不透明度主导。

214

215

在恒星中光子所遇到的各种吸收和散射过程在此再次有效。我们不会在这里深入讨论细节，只说当白矮星冷却时，其大气层的不透明度或阻碍能力会增强。

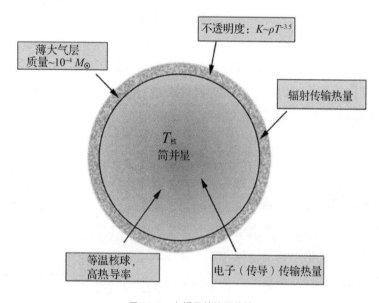

图 14.3   白矮星的热量传输

注：正在冷却的白矮星就像周围有一层绝缘毯的热金属。在白矮星内简并电子传输热量是极其有效的；在其稀薄的大气层中，由辐射来传输热量（很像太阳的包层）。就像在恒星中一样，辐射传热是扩散的，并且被物质的不透明度限制。温度越低，不透明度就越大。

一个初期的白矮星的内部温度可以高达 10^7 K，在这温度下，通过中微子发射来冷却比由光子冷却更有效。在最初的 10^7 年中或更多的一些时间里，这是主要的冷却机制。之后，光子从中微子那儿接手冷却任务。在其后期阶段，白矮星的有效表面温度可能远低于其内部温度。当白矮星的光度下降到约 $10^{-4} L_\odot$（此时有效表面温度会下降，低于 10 000 K）时，离子会凝固、结晶。这也会影响白矮星的冷却。当离子结晶时，所释放出的潜在的热量会暂时加热白矮星！当离子凝固后，比热主要归因于晶格振动。当固体冷却时，离子在它们平衡位置的振动变得不那么剧烈，而且比热随着温度的下降而迅速下降。在 20 世纪初，为什么固体的比热随温度下降而下降是一个巨大的难题。1907 年这个难题被爱因斯坦解决。他灵机一动，想出了一个特别的方法，他认为固体中的原子是量子振子。大家应该记得，1905 年爱因斯坦已经介绍了电磁辐射的能量是量化的这个观点。爱因斯坦的两篇论文奠定了物质与辐射的量子理论的基础。虽然光电效应为辐射的量子本性提供了证据，但拉曼效应的发现（1928 年）才为物质的量子本性提供了证据（拉曼在 1930 年被授予诺贝尔物理学奖）。

让我们来看白矮星，其内部的结晶，以及随之而来的比热的减少，将导致冷却率急剧上升。低比热意味着低热容，即只能保持较小的热容量。在图 14.4 中我们已经示意性地展示了质量为 $0.6M_\odot$ 的碳—氧白矮星的冷却曲线。实线表示的是 1952 年由梅斯特尔（Mestel）提出的标准理论。它忽略了中微子 *216* 的作用，以及结晶的影响。注意，白矮星结晶只有在其光度下降到 $10^{-4}\,L_\odot$ 时才会发生。到那时，它的年龄已经是几十亿年了，另外，它的温度下降到 6 000 K。因为白矮星的半径大约是 $10^{-2}R_\odot$，假定它的温度是 6 000 K（这是太阳的有效表面温度），那么它的光度将是

$$L_{白矮星} = 4\pi R^2 \times \sigma T^4 = 4\pi(10^{-2}R_\odot)^2 \times \sigma(6\ 000)^4 = 10^{-4}L_\odot.$$

$$(14.5)$$

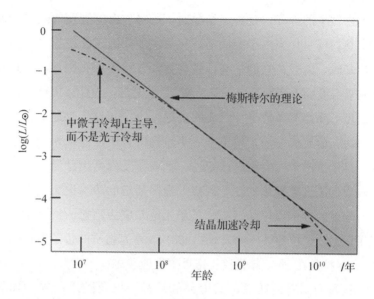

图 14.4　白矮星的冷却曲线

注：梅斯特尔的理论(实线)忽略了中微子在冷却过程中的作用，它也忽略了内部结晶的影响。重要的是，要注意到在白矮星最初的千万年或更长的一段时间里，中微子以显著的方式为冷却做贡献。

天空中的钻石

在 20 世纪 60 年代，天文学家认为非常古老的白矮星将结晶。1980 年，一些天文学家给出了一个更有趣的建议。他们认为，在非常古老的碳—氧白矮星(时间大于 5×10^9 年)里，碳和氧在结晶前将相分离。在这种情况下，氧将沉入恒星的中心，就像雪花飘落到地面一样。结果是，当内部固化，白矮星的中心会有一个坚硬的氧核，其外面包裹着固态碳。

碳会以许多不同的形式出现。其中大家最常见和最熟悉的是石墨和钻石（金刚石）。有趣的是，碳的这两个态是非常不同的！
表 14-1 和图 14.5 总结了这些差异。

表 14-1   石墨和钻石的性质

石墨是已知的最柔软的材料之一，而钻石是已知的最坚硬的物质。

石墨是一种很好的润滑剂，而钻石是研磨剂。

石墨是优质的导电体，而钻石是很好的绝缘体。

石墨用于保温，而钻石是优秀的热导体。

石墨是黑色的和不透明的，而钻石是透明的和绚丽的。

石墨以六边形图案结晶，而钻石以立方体结构结晶。

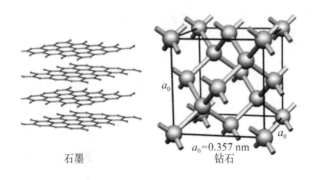

图 14.5   石墨和钻石的晶体结构

　　既然石墨和钻石都是由碳原子组成的，我们可以将石墨转变　　*218*
成钻石吗？事实上，是可以的！人们需要去做的就是对石墨施加
巨大的压力。要理解这一点，让我们看一看相变图。图 14.6 为碳
的理论相变图。该图告诉大家在某个温度和压力范围内，一个特
定的相是稳定的且平衡的。纵轴代表的是压强，其单位是吉（千
兆）帕斯卡［以法国科学家帕斯卡（Pascal）的名字命名］。1 个大气
压，也叫 1 巴，等于 10^5 帕斯卡。1 吉帕斯卡就是 10^9 帕斯卡，或 1
万个大气压。

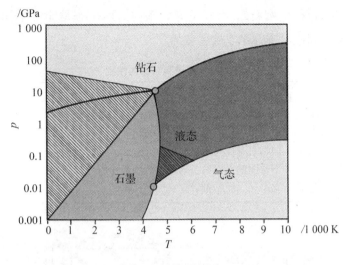

图 14.6　碳的理论相变图

注：纵轴为压强，横轴为温度。这样一个相变图展示了碳作为气态、液态、石墨和钻石存在的区域。

　　大家可以看到，如果温度低于 4 000 K，可以通过施加足够的压力把石墨转变为钻石。这就是人造钻石的产生原理！大自然是如何制造钻石的呢？在地球表面之下，压力会增大。在温度和压力都非常合适的区域中，埋藏的有机物质中的碳在几百万年前就转变为钻石了。问大家一个有趣的问题，当我们开采钻石，把它们带到地表上时，它们不再承受巨大的压力，钻石为什么不恢复到石墨的状态呢？如果大家想知道更多细节，我给大家推荐一本迷人的专著《物质的多重相》（*The Many Phases of Matter*），是由文卡塔拉曼撰写的。

　　让我们来看年老的碳—氧白矮星。我们谈论的猜想是，当这些白矮星结晶时，会有一个相分离。氧将沉入恒星中心并结晶，其外围包裹着固态碳。进一步的推测是，由于白矮星内部的巨大压强，碳将结晶成钻石结构！本章开始时我们说过大约 98％的恒星会结束其一生成为白矮星。它们中的绝大多数最终会变成天空中的钻石！

天空中佩戴钻石的露西

所以天空中可能充满了宇宙钻石。如果谁拥有这么一颗，那么他（或她）将是地球上最富有的人！地球上最大的钻石是约 546 克拉的金禧钻石，这是从南非的普雷米尔矿井取出的一块石头中切下来的。我们谈论的宇宙钻石是 100 亿万亿万亿（10^{34}）克拉！（见图 14.7）。

图 14.7　白矮星

注：哈勃太空望远镜拍摄的这张照片展示了银河系中近距离的古老的白矮星。［致谢 NASA 和里彻（H. Richer，不列颠哥伦比亚大学）］

天文学家可能终于找到了其中的一个！大家谈论的白矮星（2004 年被发现）距地球大约 50 光年远，位于人马座。它的正式名字是 BPM－37093，非常的平淡无奇。但天文学家决定把它称为露西，根据偶像派甲壳虫合唱队的著名歌曲"天空中佩戴钻石的露西"（*Lucy in the Sky with Diamonds*）。我们是怎么知道这个白矮星已经结晶了呢？

星震学

许多白矮星都有脉动；我们接收到的来自它们的光强呈周期性变化。可能是径向振动或更复杂的振动（称为非径向振动）。通过确定这些振动模式的频率，人们可以推断出恒星内部的主要情况。这就像试图通过研究振动模式，来了解一口钟或一面锣的材料特性。这也是我们准确地推断地球内部性质的手段。这就是地震学学科。如果大家阅读过本系列著作的前一本《恒星的故事》，大家一定记得日震学以令人难以置信的精确度使天文学家推断出了太阳内部的主要情况。以类似的方式，星震学可用于研究白矮星的脉动。由于白矮星的距离比太阳要远得多，观测更困难。尽管如此，天文学家已经推断出了白矮星脉动的许多特性，如自转速率。星震学可以解决的问题之一是确定白矮星内部是流体还是固体。天文学家得出结论，露西已经结晶了。人们还有一些争论，比如，内部是 90％还是 75％已经结晶了？但也有共识，内部的主要部分已经结晶了。如果这个结论是正确的，那么我们对碳的相变图的理解可以让我们自信地说，我们已经找到众多宇宙钻石中的一颗了！

第 15 章　正在爆炸的恒星

大质量恒星的命运

　　我们现在要讨论的是大质量恒星的演化，即恒星的质量高于 $10M_\odot$。经过了氦燃烧阶段，这些恒星的演化或多或少地类似于我们在第 13 章"中等质量恒星的一生"中讨论的中等质量恒星的演化。本质区别在于，在大质量恒星中碳—氧核球在收缩过程中永远不会简并。图 15.1 展示了计算得出的质量为 $15M_\odot$ 的恒星的演化轨迹。

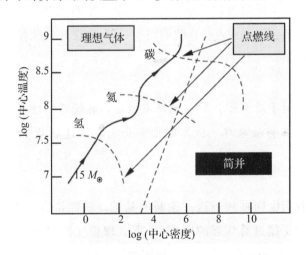

图 15.1　计算得出的质量为 $15M_\odot$ 的恒星的演化轨迹

　　注：实线是恒星核球的演化轨迹。经过接连的核燃烧，核球仍然是非简并的。结果是，聚变反应以受控的方式进行，最终产物是一个简并的铁核球。该图改编自基彭哈恩和威格特撰写的教材《恒星结构与演化》。

　　由于碳核球是非简并的，碳以平静的方式被点燃。随着核球简并的危险最终被解除，随后的阶段也会以平淡无奇的方式继续进行。这些阶段的最终产物将是氖、氧，最后是硅。在最后的核循环中，硅将聚变形成^{56}Fe。正如我们前面讨论的，铁是自发聚变的最后阶段的产物。^{56}Fe原子核强烈地把所有核子束缚在一起，并且进一步的聚变将消耗能量，而不是释放能量。经过上百万年的时间，恒星终于走到了其一生的尽头。

像太阳这样的低质量恒星不得不与一颗氢弹做斗争。在恒星被炸毁前，它们不得不"拆除炸弹"。中等质量的恒星非常聪明，它们可以避免简并核球中的碳被点燃，是中微子拯救了它们。大质量的恒星不需要那么灵巧，它们损失很多质量，以防止核球的碳被点燃。大质量恒星的核历史是非常平淡的。我们已经从历史的角度预料到了这一点。让我们回想一下1932年钱德拉塞卡的了不起的声明：

> 对于质量大于$M_{临界}$的所有恒星，其物质的理想气体状态方程不会被破坏，但其密度会变大，不过物质不会变成简并的。

让我们也回顾一下这一论断的基础。钱德拉塞卡曾经表明，如果辐射压超过总压强的9.2%，那么理想气体定律就不会被打破。图15.2说明了这个观点，该图改编自钱德拉塞卡1932年的原始论文。我们试图要做的是将电子简并压与假设电子服从查尔斯（Charles）和波义耳的理想气体定律从而计算得出的压强进行比较，而辐射压的贡献另行考虑。电子气体的简并压为$P=K_1\rho^{\frac{5}{3}}$（非相对论性）和$P=K_2\rho^{\frac{4}{3}}$（相对论性），图中用两条粗线表示。标记着序号

①到④的线条代表电子的理想气体状态方程，而辐射压对总压强的贡献则另行考虑。乍一看，大家可能会感到惊讶，由于气体压强是密度和温度的函数，大家甚至可以在(P, ρ)图上画出理想气体状态方程。

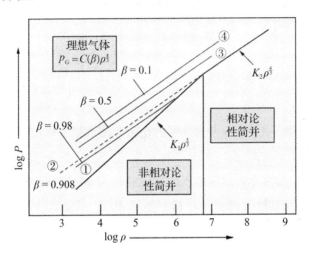

图 15.2　作为质量密度函数的理想气体的状态方程(考虑了辐射压)

注：虽然压强是密度和温度的函数，但是可以用无量纲分数 β 来代替温度，β 是气压与总压强的比值。斜率为 $\frac{4}{3}$ 的各条线，分别被标记为①—④，它们代表了不同 β 值下的理想气体压强。简并电子气体的压强由两条粗线表示。$\beta=0.908$ 表示理想气体压强为总压强的 90.8%，辐射压为 9.2%。大家可以看出，图中标有 $\beta=0.908$ 的虚线是分界线。当辐射压超过总压强的 9.2%(或 $\beta < 0.908$)时，不管密度有多大，理想气体不会变成简并的。这个了不起的定理是 1932 年由钱德拉塞卡证明的。事实上，这个图改编自 1932 年在《天体物理杂志》(*Zeitschrift für Astrophysik*)上他发表的著名论文。

　　但这个困难可以利用爱丁顿引入的诀窍来克服。他引入了一个无量纲分数 β，定义如下：

$$P_{tot} = \frac{1}{\beta} p_G = \frac{1}{1-\beta} p_R$$

$$= \frac{1}{\beta} \left(\frac{\rho k_B T}{\mu_e m_p} \right) = \frac{1}{1-\beta} \left(\frac{1}{3} a T^4 \right). \tag{15.1}$$

223　　最下面的等式两边相等，进行简化，得到

$$p_G = C(\beta) \rho^{\frac{4}{3}} = \left[\left(\frac{k_B}{\mu_e m_p} \right)^4 \frac{3}{a} \frac{(1-\beta)}{\beta} \right]^{\frac{1}{3}} \rho^{\frac{4}{3}}. \tag{15.2}$$

224　　　上述方程是使用密度和 β 来表示气压的。推导出方程(15.2)的中间步骤可参考第 7 章，特别是其中的方程(7.31)至(7.34)。β 的含义很明确。β 是气压与总压强的比值，那么接下来 $(1-\beta)$ 就是辐射压与总压强的比值。图上被标记为①至④的各条线分别代表不同的 β 值。β 减小表示辐射压的比例增加。大家应该还记得爱丁顿的名言：质量越大的恒星，辐射压越重要。因此，β 减小的线条（或等价地说，辐射压增加）代表质量越来越大的恒星。

225　　　现在让我们仔细看看图 15.2。标识为①的线条代表气压的贡献占总压强的 98%，辐射压的贡献只有 2%。这条线将与代表非相对论性简并压的线条相交。因此，在这样的恒星中将会出现简并。回想一下，简并的条件是，使用费米—狄拉克统计计算出的压强大于采用波义耳定律计算出的压强（在相同的密度和温度下）。标识为②的虚线对应于辐射压的临界值，它等于总压强的 9.2%。这条线既不与非相对论性简并线相交，也错开了相对论性简并线（它们的斜率都是 $\frac{4}{3}$）。当然，对质量更大的恒星这也成立，其中 $(1-\beta)$ 大于 0.092，即辐射压超过总压强的 9.2%。这些恒星永远不会发生简并，但密度会变得更大。大质量恒星的核球的演化过程如图 15.3 所示。与图 15.1 进行比较可以看出，1932 年这个基于一般

性考量所得出的结论被现代计算证明了。

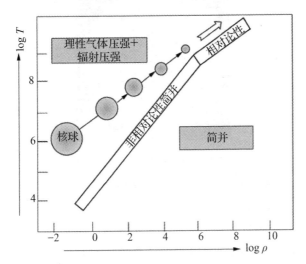

图 15.3　大质量恒星的核球的演化过程

注：质量高于 $10M_{\odot}$ 的恒星的核球永远不会变成简并的，然而密度可能变得更大。在这样的恒星里，核聚变反应以平静的方式进行，直到形成一个不活跃的铁核球。

最后的日子！

与氢燃烧阶段相比，碳燃烧阶段的持续时间相对比较短，更不用与氢燃烧阶段相比了。对于质量为 $15M_{\odot}$ 的恒星来说，碳燃烧阶段大约只持续 6 000 年；而对于一个 $25\ M_{\odot}$ 的恒星来说，碳燃烧只持续 100 年！正如我们已经看到的，在这个阶段中，有很强的中微子发射。恒星的中微子光度等于（甚至超过）恒星光子的光度！中微子逃逸导致核球冷却。但是，尽管如此，辐射压仍大于总压强的 9.2%，结果是核球保持非简并（图 15.4）。

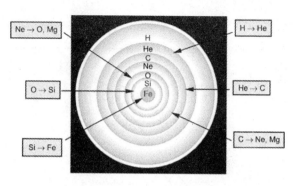

图 15.4　大质量恒星一生中的最后时刻

注：在经历了数百万年的平静生活后，大质量恒星的命运将在差不多一天这样极短的
时间内决定。在恒星一生最后的日子里，硅将在最里面的区域聚变，产生一个铁核球。由
于中微子发射引起的极其有效的冷却，辐射压将最终变为小于总压强的 9.2%，核球将变成
简并的。当这个简并铁核球的质量增长到钱德拉塞卡极限质量时，它会塌缩。

　　核循环后续阶段的持续时间甚至更短。核循环戏剧的"最后一
幕"——硅燃烧阶段——是极其短暂的。对于 25 倍太阳质量的恒星
而言，硅燃烧阶段会持续一天左右！中微子的光度巨大到令人难以
置信。在这个阶段，它大约是光子光度的一百万倍。硅燃烧的结果
是形成一个铁核球。由于铁核球是不活跃的，它收缩至密度约为
$10^{10} \, \text{g}/\text{cm}^3$，中心温度大约是 10^{10} K。由中微子造成的冷却，最终降
低了辐射压，使其低于临界值 9.2%，铁核球最后变成简并的！现在
将由电子简并压支撑铁核球。所以此时在这颗恒星的中心有一颗铁
白矮星。该白矮星的质量在迅速增长（更多的硅转变为铁），直到它
达到钱德拉塞卡的白矮星极限质量。此时，电子是相对论性简并的。

核球塌缩

　　在这个阶段，核球变得动力学不稳定并塌缩，从历史上看，

为什么会出现这样的塌缩涉及很多情况。但是，在写这本专著的时候，我们知道最有说服力的一个是这样的。电子是相对论性的并且有一个费米能量 $E_F \approx 8\ \mathrm{MeV}$。这是建立逆 β 衰变(也称为电子俘获)的理想条件。大家记得我们以前讨论过，在逆 β 衰变时电子与质子结合形成一个中子：$\mathrm{e^- + p \rightarrow n + \nu}$。核子的这个中子化过程导致电子数量急剧减少。由于相对论性电子的简并压正比于电子密度($P_{简并} \propto n^{\frac{4}{3}}$)，压强会出现突然的减小。这将加速核球的塌缩。显然，这是一个失控的过程。天体物理学家付出了极大的努力来研究塌缩的细节，但这是一个非常难解决的问题。让我们在一个比较基础的水平上试着理解这个塌缩(见图 15.5)。

227

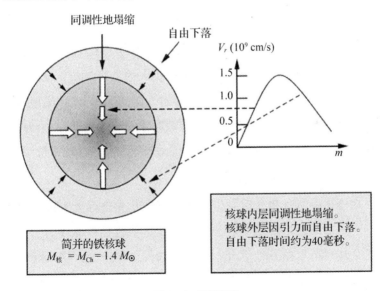

图 15.5　核球塌缩

注：核球的内层同调性地塌缩(即使塌缩，依然保持径向密度分布不变)，而核球的外层则自由下落。

计算结果表明，核球的内层同调性地塌缩。意思就是在塌缩过程中径向密度分布保持不变。如果大家仔细想一想，大家可以说服自己，为了使径向密度分布保持不变，与内层相比，外层必须以更大的速度下落。相比之下，铁核球外层将以某个径向速度下落，该径向速度随着与中心距离的增加而减小。这就像一块石头朝着地球自由下落。核球内层和外层之间的边界并不是固定的。在塌缩进行时，同调性的塌缩区域内的质量越来越小而自由下落区域内的质量则越来越大。

塌缩是极其短暂的。对于塌缩持续时间，自由下落的时间给出了一个很好的估计。自由下落的特征时标由下式给出：

$$\tau_{ff} \approx \frac{1}{\sqrt{G\rho}} \text{。} \tag{15.3}$$

对于初始密度为 10^{10} g/cm^3 的天体，大家可得到 40 ms 的时标。如果密度为 10^{14} g/cm^3，自由落体的时标大约是 0.5 ms。在继续往下讲之前让我们离题一会儿。大家考虑下面的问题：(1)离地表很近并且绕地球运动的一个粒子；(2)在地球的隧道内进行简谐振荡的一个粒子；(3)地球的振动。所有这些情形中，其特征时标约为 $(G\rho)^{-\frac{1}{2}}$。想想为什么会如此！

在概述塌缩时和之后发生什么前，让我先告诉大家该故事的结局。塌缩的结果就是形成中子星。在这个过程中释放的引力束缚能会炸掉恒星的其他部分，这将导致超新星产生。这听起来似乎是合理的，尽管已经有许多非常聪明的物理学家研究这个问题好几十年了，但是引力能实际上是如何被利用产生爆炸的，这些细节我们仍有点不太确定。让我们试着去品味一下所涉及问题的复杂性吧。

让我们先来估计一下核球塌缩释放出的引力能。正如前面已经提到的，铁核球的质量约等于钱德拉塞卡极限质量。它的密度大约是 10^{10} g/cm^3，它的半径大约是 1 000 km。如果最终的构造是一个稳定且平衡的构造，那么释放出的能量将是：

$$E \approx GM_{核}^2 \left(\frac{1}{R_{终了}} - \frac{1}{R_{初始}} \right) \approx \frac{GM_{核}^2}{10} \approx 3 \times 10^{53} \text{ erg}。 \quad (15.4)$$

这可以与把恒星的整个包层吹飞所需的能量进行比较。对质量为 $10M_{\odot}$、半径为几百万千米的恒星而言，整个恒星的束缚能（核球的加上包层的）就是引力势能。

$$\frac{GM^2}{R} \approx 10^{50} \text{ erg}。 \quad (15.5)$$

因此，原则上，要发生恒星爆炸，没有任何困难。吹飞包层所需的能量仅仅是核球塌缩所释放出的能量的非常小的一部分。

现在让我们试着去感受一下塌缩是如何进行的。核球内层的塌缩要比外层快（见图 15.6）。当核球内层的密度达到 2.5×10^{14} g/cm^3 时，它的塌缩将停止。由于核球的物质进一步压缩产生抵抗力，物质下落将停止。大家可能会记得，当原子核密度为 10^{14} g/cm^3 时，核力是非常强烈的吸引力，而当密度更高时它是非常强烈的排斥力。实际上，核球的密度会超过原子核密度并反弹回来。如果核球具有完美的弹性，那么它会有足够的动能将它恢复到原来的位置，但不会发生爆炸！恒星要处置它拥有的巨大引力势能，塌缩的核球必须有一个稳定且平衡的结构。否则，下落的动能将再次被转化为势能，我们又会回到起点。想象在你家阳台上从你手中掉落一个橡皮球。当它落下时，势能将转化为动能。如果该球具有完美的弹性，那么它会反弹回你手中；但是它不会留下任何能量来给你的手一个垂直方向的动量。举例说，如果该球是用黏土制成的，那么它撞击地面时就会被砸扁，你会听到砰的一声，但是该球的黏土会留在地面上。大家应该清楚发生了什么事。势能的一部分被用来使球变形，剩下的部分用于加热与地面的接触面并产生声波等。

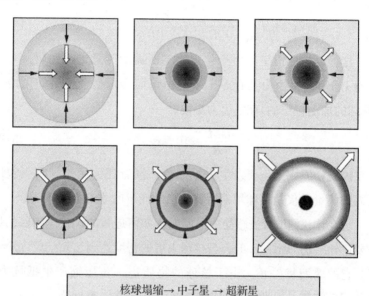

核球塌缩→ 中子星 → 超新星

图 15.6　中子星诞生并触发超新星爆炸

注：核球的内层塌缩并形成一个中子星。中子星收缩超过它的平衡半径并反弹。这会导致冲击波形成。这个冲击波遇到正下落的核球外层，会逆转它的运动，并最终炸飞恒星的其余部分。

以类似的方式，物质下落的结果是形成了中子星，它应处于平衡和稳定的状态，与它的束缚能（3×10^{53} erg）相等的能量会被辐射掉。我们目前认为这种能量是以中微子的形式释放的。目前我们视此为理所当然的，并试着去理解核球的塌缩。正如我们所说的，当超越原子核密度时，核球内层会塌缩并反弹回来。当它反弹回来，它将遇到核球外层的下落物质。这会逆转核球外层的下落运动，产生一个压强波。该压强波在密度不断降低的环境中向外传播。这使压强波变陡并成为一个冲击波。普遍认为这个冲击波导致了恒星爆炸。毕竟，人们只需要中子星中很小的一部分束缚能就可以炸飞恒星的其余部分。

但是，实际计算表明，冲击波停顿或失败了，而不是以爆炸的方式将包层炸飞。回顾一下以前的内容，原因是不难理解的。大家记得最初的塌缩核球主要由铁组成。当内核塌缩时，由于逆 β 衰变，大量核子蜕变成了中子。当密度达到原子核密度时，单个核子失去了自己的特性，混合形成核流体。这就是中子星。下落的核球外层主要是由铁组成的。当往外走的冲击波与下落的物质相互作用时，它会把物质加热到非常高的温度。因此，下落物质壳层中的铁原子核被分解成自由核子。当然，所需的能量是以冲击波的动能为代价的。其结果是，冲击波只有初始动能的一小部分，这是不足以产生爆炸性的包层喷射的。显然，必须给冲击波重新注入能量。根据现代的想法，正是中微子来救场的。

中微子俘获！

大家可能会大吃一惊，众所周知，中微子与物质的相互作用非常微弱。用更具技术性的术语来描述就是中微子与物质相互作用的截面小得令人难以置信：

$$\sigma_\nu \approx \left(\frac{E_\nu}{m_e c^2}\right)^2 10^{-44} \text{cm}^2 \approx 10^{-44} \text{cm}^2, \tag{15.6}$$

对于能量是兆电子伏这个数量级的中微子（核聚变反应中产生的中微子就有这个数量级的能量）而言。上述中微子与物质相互作用的截面是光子与物质相互作用的相应的截面的$\frac{1}{10^{18}}$。大家也许更熟悉"平均自由程"这个概念。中微子在物质中的平均自由程与截面的关系是：

$$l_\nu = \frac{1}{n\sigma_\nu}, \tag{15.7}$$

其中 n 是单位体积中散射体的数量（注意平均自由程有长度量纲）。乘和除以散射体的质量（质子和中子），根据质量密度 ρ，平均自由程的上述表达式可以表示为：

$$l_\nu \approx \frac{2 \times 10^{20}}{\rho} \ \text{cm}, \tag{15.8}$$

其中质量密度使用 cgs 单位制。正常恒星的物质密度为 $\rho \approx 1 \ \text{g/cm}^3$，从上式可知中微子的平均自由程是几百光年！这就是为什么人们花了超过二十年的时间才发现它们。

鉴于这一点，人们怎么能期望中微子在恒星爆炸中扮演任何角色呢？人们需要的是一个往外推移的活塞。中微子怎么可能扮演这个活塞呢？好的，下面的事情会协力促使中微子成为主要扮演者。

232　　1. 铁核的密度大约是 $10^{10} \ \text{g/cm}^3$。当核球塌缩时，密度变得更大。这将急剧减小平均自由程。

2. 促使核球塌缩过程中产生的中微子的截面大大增加的另一种因素是，它们的高能量。正如我们已讨论过的，塌缩的核球中的电子是高度简并的，也是相对论性的。电子的费米能是 10 MeV。塌缩期间产生的中微子具有的典型能量与此有相同数量级。注意，中微子的截面与中微子的能量的平方成正比，该能量以电子的静止质量能量为单位来度量[见公式(15.6)]。

3. 同样重要的是散射截面的巨大增强作用，这是根据弱电磁力的统一理论，即萨拉姆（Salam）、温伯格（Weinberg）和格拉肖（Glashow）的理论得到的。让我们考虑核子数为 A 的一个原子核。根据费米的弱相互作用理论，在给定的原子核中，中微子对核子的散射是非相干的。那就是，单个核子的散射是彼此独立的，散射体之间没有相位关系。而在统一的弱电理论中，核子的散射是相干的。在这种情况下，原子核的总散射截面将与散射体数量的平方成正比，即 A^2（而不只是散射体的数量）。这样的相干散射截面由下式给出：

$$\sigma_\nu \approx \left(\frac{E_\nu}{m_e c^2}\right)^2 A^2 10^{-45}\,\mathrm{cm}^2 \text{。} \tag{15.9}$$

对于 $A=100$ 和 $E_\nu \approx 10\ \mathrm{MeV}$，相干散射截面大致是

$$\sigma_\nu \approx 10^{-39}\,\mathrm{cm}^2 \text{。} \tag{15.10}$$

应该与我们先前估计的 $10^{-44}\ \mathrm{cm}^2$［见公式（15.6）］做个比较！相干散射截面增大了十万倍。

这大大增大了散射截面，并且非常高的密度意味着中微子的平均自由程小于核球的大小。让我们估计平均自由程，可得到：

$$l_\nu \approx \frac{1}{n\sigma_\nu} = \frac{Am_p}{\rho\sigma_\nu} \approx \frac{2\times 10^{17}}{\rho} \text{。} \tag{15.11}$$

比较一下使用非相干散射截面得出的对应表达式（15.8）和式 *233* （15.11）是有启发意义的。在单个核子独立散射的情形中，要将散射体的数密度转变为质量密度，我们会乘和除以核子的质量。在原子核中的核子相干散射中微子这种情形中，散射的实体对象是原子核，而不是单个核子。这就是为什么在式（15.11）中我们乘和除以原子核的质量（Am_p），把数密度转变为质量密度。重要的事情是，由式（15.11）给出的中微子平均自由程是公式（15.8）估计的

值的 $\frac{1}{1\,000}$。注意，当密度为 10^{12} g/cm³时，平均自由程比核球内层的尺寸还小很多。因此，对中微子而言，塌缩的核球变得不透明了。中微子被困在塌缩的核球中！就像在恒星里的光子，在抵达一个假想的表面之前，它们只能扩散出来，我们称该表面为中微子光球层，类似太阳的光球层。一旦中微子扩散抵达光球层，它们就能够喷涌而出而没有任何明显的散射（见图15.7）。

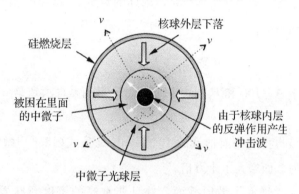

图 15.7　核球与中微子

注：对地球物质密度的情形而言，中微子的平均自由程有若干光年。但是，当密度达到 10^{12} g/cm³时，平均自由程变得与塌缩核球的大小相当。因此，塌缩期间物质中子化产生的中微子，以及新形成的中子星产生的热中微子，都将被困住。在它们抵达中微子光球层之前，它们只能扩散出来。被困住的中微子将产生巨大的压力。由于中子星几乎所有的束缚能都以中微子的形式释放，所以中微子在产生超新星爆炸中起着核心作用。

中微子弹！

我们已经看到中子星的束缚能大约是 3×10^{53} erg［见式(15.4)］。事实上，这个束缚能的大部分是以中微子的形式释放出来的！让我们用简单的术语来理解。质量为 $1.4M_\odot$ 的简并铁核球大约有 2×10^{57} 个重子，其中中子和质子的占比相同。由于塌缩的结果是形成中子星，通过反应 $p+e^-\rightarrow n+\nu_e$，10^{57} 个质子将被转化为中子。因此在下落过程物质中子化期间会产生 10^{57} 个电子中微子。如果我们假设这些中微子的平均能量大约是 10 MeV，那么中微子的能量总计达到 10^{64} eV 或 2×10^{52} erg。这大约是释放出的束缚能的 10%。但是并不是所有的中微子都会有这个能量。记住，此时中微子不再是可以随便穿越几百光年的令人难以捉摸的粒子。相反，它们现在被困在恒星的塌缩核球的内层中。它们的平均自由程依赖于其与物质的有效相互作用。回顾一下在不透明的天体里，光子也是以类似的方式被困住的。正如基尔霍夫教导我们的，光子最终会与物质达到热平衡。现在中微子也将会如此。它们不再被看作是特立独行的粒子，此时必须要用统计分布来描述。是用玻尔兹曼分布，还是用费米—狄拉克分布（记住，中微子是费米子），取决于 $k_BT\gg E_F$ 或 $k_BT\ll E_F$。当所有这一切都被考虑到之后，结果就是在下落时产生的电子中微子的能量将只占中子星束缚能的 1%。

　　剩下的 99% 的束缚能有什么用呢？请记住，新近形成的中子星将会热的不可思议，其内部温度大约是 10^{11} K。在这样高的温度下，通过不同的过程会产生大量的中微子（如图 13.5 所示）。将会有相等数量的中微子和反中微子。三种中微子（电子中微子、μ 子中微子和 τ 子中微子）产生的概率大致相同。这些中微子的产生会导致中子星冷却，正如黑体辐射的发射会使一个热的不透明的物体冷却一样（中微子发射是新形成的中子星冷却的主导机制）。计算表明，冷却时间会非常短，大概只有几秒。所以将有第二次中微子暴。前一次中微子暴主要是在下落过程中产生电子中微子。这些中微子在几毫秒内就产生了，大约占所释放的束缚能的 1%。中微子的二次暴将产生热中微子。它们将在以秒为数量级这样的时标内产生，并占所释放的束缚能的 99%。

记住，所有这些中微子都被困在塌缩的核球中。因此，它们将产生巨大的向外的压力，就像在太阳一样的气态恒星中等离子体和辐射产生向外的压力一样。所以，我们就有了中微子活塞！正是被困住的中微子产生这个压力才使疲惫的向外冲击波获得活力，这个冲击波是由新形成的中子星的超射和反弹产生的。总结一下，目前了解到的是大质量恒星的超新星爆炸是由中微子炸弹触发的！

如果大家发现所有这些事情令人困惑，下面的类比可能有助于澄清我们上面所讨论的。考虑一个巨大的陨石撞击地球。首先会出现巨大的声波爆发。想象一下我们希望这个声波的爆发（它甚至可能变成冲击波）会导致一些后果，但是我们发现它没有足够的能量。并不是所有的东西都丢失了。事实上，大部分的陨石动能会加热地面上它撞击的那一部分区域。这个热的区域会产生辐射。如果这种辐射在瞬间爆发，那么下落陨石的动能的主要部分将集中在这个辐射爆发中。如果条件合适，那么这样的辐射爆发可以完成大家心目中的任务。

客星诞生！

让我们再次总结一下当前对大质量恒星的命运的认识。简并铁核球的内层塌缩得更快一些，并形成了中子星。中子星超过其平衡半径并反弹回去。这会产生一个向外移动的冲击波。驱动该冲击波的是被困在核球内的中微子的热压。这些中微子是在核球物质中子化过程中产生的，并且当温度高达 10^{11} K 时一系列的主要过程中也会产生。接近 99% 的中子星束缚能是以这些热中微子的形式释放的。

　　向外移动的冲击波吹走了恒星的包层。冲击波加热并驱使包层运动，它会在广袤的星际空间中传播。当冲击波离开恒星时，会有一个紫外闪，甚至是 X 射线闪。其强度达到最大时的波长取决于冲击波的温度（回顾一下维恩位移定律）。紧接着，冲击波的后面将是被加热的喷射物。喷射物的质量基本上是原始恒星质量减去留下来的恒星残骸质量（中子星质量为 $1.4M_{\odot}$）。观测结果告诉我们，喷射物最初的膨胀速度可以超过 10 000 km/s。这是根据热的喷射物的谱线的多普勒移动推导出来的。由于超新星喷射物的质量是若干倍太阳质量，如此高的速度意味着膨胀着的喷射物的动能将达到大约 10^{52} erg。这比太阳在它整个一生中辐射的能量还要多得多！

　　在爆炸的时候，喷射物将是不透明的（用技术术语来说，叫光学厚），因此是黑体辐射。当这个火球膨胀时，它会在一段时间内保持不透明。随着时间的推移，它的表面积将增加，所以超新星的光度会随着时间的增加而增大（见图 15.8）。回顾一下黑体辐射情形：

$$光度＝（表面积）\times \sigma T^4。 \tag{15.12}$$

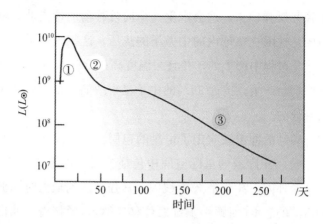

图 15.8 "核球塌缩"超新星的光变曲线

注：这是超新星的光变曲线示意图，超新星是在中子星形成时产生的。最初，喷射物是不透明的，因此它像黑体一样辐射。当喷射物膨胀时，它的光度会因为表面积的增加而增大；喷射物的温度不会出现明显下降。在光变曲线上这一段标记为①。当喷射物变得透明时，光度将开始下降并冷却，在图中标记为②。如果没有其他的能量来源，超新星的光度将会在大约 100 天内下降许多数量级。但是，如图中所见，光度下降还是比之前慢了许多。喷射物中钴放射性衰变为铁所释放的能量，是图中标记为③的长尾巴那段的能量来源。注意钴的半衰期大约有 77 天。

喷射物膨胀几天（或几周）后，它会变得透明（或光学薄）。从那时起，随着时间的推移，光度会下降。一旦喷射物变得透明，它发出的辐射将由连续谱及叠加在它上面的原子吸收线组成。因为包层主要由氢组成，我们期望看到与巴尔末线相对应的强吸收特征。在超新星的光谱中这些线确实非常突出。在大约一百天之后，超新星的光变曲线会骤然下降，对应于图 15.8 中的长尾巴那段。在这个阶段，能量的主要来源是钴的不稳定同位素的放射性衰变。早些时候，当我们讨论热核聚变反应终止时，因为 $^{56}_{26}\text{Fe}$ 有 *237* 最大的束缚能，我们说它将是最终产物。严格地说，我们应该说最终的稳定原子核将是 $^{56}_{26}\text{Fe}$。而一些放射性的镍（$^{56}_{28}\text{Ni}$）也将产生，镍的这种同位素有 28 个质子。这种镍将衰变成钴，相应地，钴将衰变为 $^{56}_{26}\text{Fe}$。衰变将以如下方式进行：

$$^{56}_{28}\text{Ni} \longrightarrow {}^{56}_{27}\text{Co} + e^+ \quad (\text{半衰期} = 6 \text{ 天}),$$

$$^{56}_{27}\text{Co} \longrightarrow {}^{56}_{26}\text{Fe} + e^+ \quad (\text{半衰期} = 77 \text{ 天}). \tag{15.13}$$

钴放射性衰变为铁的过程中所释放的能量是光变曲线上后面那段的能量来源。大家可能会问在超新星喷射物中为什么会有镍和钴？首先，在内爆时核球依然含有镍的不稳定同位素。这是因为在硅燃烧的最后阶段，聚变形成了铁族元素，但它只持续一天左右的时间。其次，回顾一下，简并铁核球的最外层被向外移动的冲击波喷走。因此，喷射物会含有一些铁和镍。

　　从历史上看，只有超新星的可见光波段的辐射才会被探测到。今天，人们已经能够探测到来自超新星的实时的射电和 X 射线的发射情况。由于波长不同，发射机制也不同，所以超新星的多波段研究给爆炸的本质、元素合成的丰度、在爆炸过程中宇宙射线的加速等课题研究带来了曙光。这是当今一个极其活跃的研究领域。

　　虽然来自超新星的可见光在几个月后会消失，但是冲击波和喷射物会继续在广袤的星际空间中膨胀。最初，根据牛顿运动定律，喷射物将自由膨胀。当冲击波席卷了星际空间中越来越多的物质时，喷射物的运动将放缓，就像一台推土机，当它推的土越来越多时，它会减慢。最后，几千年之后，不断膨胀的冲击波将歇息一下。冲击波刨出的空腔内的热压与星际介质中环境压强变得相等。到那个时候，喷射物的初始动能将被储存到星际介质中。

238　　记住，这是很大的能量，大概是 10^{52} erg 这个数量级。由于在我们星系中每 30 年或 40 年会有一颗大质量恒星爆炸，所以膨胀的冲击波会给星际介质带来浩劫。它们把气体加热到几百万度；它们会使星际气体云加速；它们会触发巨大分子云的塌缩，导致新恒星的诞生。因此，在恒星的诞生与死亡之间存在着一种共生关系！

钻石不是永恒的！

　　我们一直在讨论的大质量恒星的爆炸，被归类为 Ⅱ 型超新星。它们的主要特征是：喷射物含有丰富的氢，并且它们遗留下了中
239　子星。还有另一类超新星，在它们的光谱上不显示任何氢，并且没有遗留下任何恒星"尸体"，它们被称为 Ⅰa 型超新星。

　　直到 20 个世纪 80 年代，人们认为这些超新星是中等质量恒星爆炸的结果，它们点燃了简并核球中的碳。因为整个恒星都被炸毁了，所以没有遗留下任何恒星"尸体"。但是当在年轻的疏散星团中发现了白矮星后，这个方案就不得不被放弃了。我们在前一章中详细地讨论了这一问题。大家会记得，根据我们目前的了解，质量约高达 $9M_☉$ 的所有恒星将结束其一生成为白矮星。因此，单星变成 Ⅰa 型超新星的方案现在已经被彻底抛弃了。

密近双星系统中的吸积白矮星

　　根据目前的普遍看法，Ⅰa 型超新星是白矮星的质量增加到超过钱德拉塞卡极限质量的结果。其中的一个剧情在下列情形中便可发生。实际上，天空中我们看到的大多数恒星都是双星，它们围绕着一个共同的质心转动。在某些情况下，两颗恒星中质量更大的那个可能已经结束了它的一生变成了一颗白矮星，所以该双星将由一颗白矮星和一颗气态恒星组成。在某个阶段，该气态伴

星也将演化成一颗巨星。如果该双星彼此相距很近，那么潮汐力会撕裂并拉拽巨星的外层物质使其脱离母星，被吸积到白矮星上。如果吸积物质在白矮星上可以持续足够长的时间，那么白矮星的质量可能最终增长到钱德拉塞卡极限，从而导致白矮星塌缩。现在还不是完全清楚塌缩是导致中子星的形成，还是导致白矮星的轰爆和毁灭。记住，对于这两种可能性，质量上限都是约 $1.4M_\odot$。正如我们在前一章中讨论的那样，无论哪种方式，中微子冷却的有效性将起决定性作用。

但这种情况有一个根本性的困难。大多数白矮星的质量约为 $0.6M_\odot$。这意味着，双星中的白矮星必须从它的同伴那儿吸积大约 $0.8M_\odot$ 的质量，这样才能达到钱德拉塞卡极限质量。对吸积白矮星的观测（从中我们可以推断出典型的吸积率）告诉我们，吸积如此多的质量，这大约需要十亿年，甚至更长的时间。所以这让人进退维谷。

240

·伴星的质量必须足够大，才能给白矮星提供大量的质量。

·伴星必须存活足够长的时间，才能真正地给白矮星提供将近一个太阳质量的物质！

记住，恒星的质量越大，它的寿命越短。这确实让人左右为难。

即便假设白矮星有一个合适的和乐善好施的伴星，它能够接受并保持这个质量，也不是那么显而易见的。主要有以下困难。很显然，撕裂巨星的外层后，所吸积物质将大部分是氢。当氢降落到白矮星的表面上时，它会被压缩到一个非常高的密度，并且它的温度也会变得非常高，这是由于白矮星强烈的表面引力造成的。因此，吸积的气体会达到恰当的条件，这个条件正适合氢聚

241　变成氦。回顾一下，这正是红巨星不活跃的氦核球周围的氢燃烧
壳层内发生的事情。但是有一个重要的区别。目前这种情况，吸
积的物质位于白矮星表面之上，它无法与恒星的包层相等同。因
此，在此过程(吸积的氢聚变成氦)中释放的能量会吹走吸积物质。
这是非常普遍的，并且通过新星现象得到了证实(注意新星和超新
星的区别)。所以，吸积白矮星质量增长并达到钱德拉塞卡极限质
量是不大可能的。出现这种情况的唯一可能是物质的吸积率是不
切实际的大。在那种情况下，白矮星表面的聚变反应所释放的能
量将无法托举并驱逐吸积物质。详细的计算表明，虽然原则上这
是可能的，但是它是非常不可能的。

　　这就提出了以下有趣的问题：有没有任何其他方案让白矮星
质量增长并达到钱德拉塞卡极限质量呢？

白矮星的并合

　　是的，双星的演化偶尔将导致白矮星双星。也就是，两颗恒
星平静地结束一生形成双白矮星(图 15.9)。让我们假设它们都是
碳—氧白矮星，毕竟这是最常见的。现在我们考虑爱因斯坦的引
力理论，让这两颗白矮星盘旋靠近并最终并合。如果两颗白矮星
的总质量等于或超过钱德拉塞卡极限，那么碳会点燃，并且将有
一个爆炸。大家会问："为什么它们要盘旋靠近？毕竟，自从太阳
系形成以来，地球和其他行星一直在平安地绕着太阳运行！"让我
们试着去理解深层次的物理。

图 15.9　白矮星吸积伴星的物质

注：图中展示的是双星系统中的吸积白矮星。由于白矮星的强大引力，伴星外层的物质被拽走。这些物质不能直接落到白矮星上，这是因为它们具有角动量，众所周知这两颗恒星围绕质心转动。物质只能盘旋落到白矮星上。在这个过程中，围绕着白矮星形成了一个吸积盘。当物质最终到达白矮星的表面时，无法保证它将继续留在那里！如果吸积的物质爆炸性地燃烧，那么它们将从白矮星表面喷射出来。新星现象证实了这种物质喷射。

引力辐射

让我们先讨论一下电子绕质子运动的经典物理问题。由于电子是在一个弯曲的轨道上运动，它将经历加速过程，法向加速度的大小等于 $\frac{v^2}{r}$，其中 v 是轨道速度，r 是轨道半径。根据麦克斯韦的理论，一个加速的电子会发射电磁辐射。由于辐射的能量只能以牺牲轨道能量为代价，轨道将会收缩。换句话说，电子将盘旋落入质子中。（顺便提一下，地球轨道上的人造卫星也将会发生同样的事情。在这种情况下，大气摩擦导致卫星失去能量。）大家可

242

能还记得，汤普逊的氢原子模型必须被放弃就是因为这个原因——原子不稳定。玻尔通过引入量子力学解决了这个问题。

类似地，质量为 m_1 的一个天体围绕质量为 m_2 的另一个天体运动，它会发出引力辐射。在牛顿的引力理论中，没有引力辐射这样的事情。但是，爱因斯坦的理论（广义相对论）预测存在引力辐射。像电磁波一样，引力波也会以光速传播。由于以引力波形式辐射的能量必须以牺牲轨道能量为代价（如在上面举的例子），轨道会收缩，最终这两个天体将并合。问题之一就是时标。单位时间内的引力波辐射的能量取决于质量和轨道半径 a，具体方式如下：

$$L=\frac{\mathrm{d}E}{\mathrm{d}t}=\frac{32}{5}\frac{G^4}{c^5}m_1^2 m_2^2 (m_1+m_2)\frac{1}{a^5}。 \tag{15.14}$$

质量越大，光度越大。轨道越小，光度越大。对于一个圆形轨道，轨道的收缩率由以下公式给出：

$$\frac{\mathrm{d}a}{\mathrm{d}t}=-\frac{64}{5}\frac{G^3}{c^5}m_1 m_2 (m_1+m_2)\frac{1}{a^3}。 \tag{15.15}$$

随着轨道分离减小，减小率将增大。因此，这两颗恒星将以不断增加的变化率旋向彼此（见图 15.10）。

人类一直未能直接探测到引力波①。若干非常复杂的探测引力波的实验正在进行中，但成功仍需一段时间。同时，已经有间接的，但非常令人信服的证据，支持这些波的存在。有一对双中子星系统，其轨道分离极其小，小于太阳的半径，而其轨道周期仅为几小时！重要的一点就是：人们观测到了该双中子星系统的轨道正在收缩。轨道半长轴的收缩率与爱因斯坦理论做出的预测惊

_____

① 译者注：2015 年 9 月 14 日宇宙中的引力波首次被人类探测到。

人地一致[见式(15.15)]。泰勒(Taylor)和赫尔斯(Hulse)首次发现了这个双中子星系统并首次看到了这个效应。科学界对此深信不疑并为他们颁发了诺贝尔物理学奖。面对这个令人信服的证据,我们必须得出结论,引力波确实存在。用直接的实验探测到它们,只是一个时间问题。

图 15.10　艺术家绘制的两颗白矮星旋向彼此的想象图

注:由两颗白矮星组成的这样一个密近双星系统,实际上已经被钱德拉 X 射线天文台发现了。该系统被称为 J0806,离我们大约有 1 600 光年远。令人难以置信的是,该双星系统的轨道周期只有 321 秒! 由于引力波的发射,这样一个密近双星快速地互相绕转并最终并合。其结果将是一个 Ia 型超新星[来源:NASA/托德·斯特梅耶(Tod Strohmayer,戈达德航天中心)/丹娜·贝瑞(Dana Berry,钱德拉 X 射线天文台)]

让我们回到双白矮星的故事中。如果这样一个系统的初始轨道足够紧密,那么人们可以期待在大于或等于 10^{10} 年的时间内,它们会并合。并合不仅会使质量增加到钱德拉塞卡极限质量,而且也会导致温度急剧升高。这两者都有助于碳轰爆，从而形成 Ia 型超新星。这就是我们对这些罕见的超新星目前的了解情况。

关于 Ia 型超新星，有趣的是它们的最大光度是相同的。换句话说，它们是"标准蜡烛"。正是这个事实才使得它们在宇宙学研究中显得弥足珍贵。确实，正是探测遥远星系中的这些标准烛光，天文学家才得出了这样的结论：宇宙不仅在膨胀，而且是在加速膨胀。

黑　洞

本章的主题是核循环结束时所形成的简并铁核球的塌缩。我们认为，塌缩的结果将是形成质量非常接近于 $1.4M_\odot$ 的中子星。中子星塌缩超过其平衡半径并强力反弹回去，这将形成冲击波。初始中子星的冷却释放出大量中微子，导致中微子暴。借助于中微子暴，这个冲击波产生了超新星爆炸。

在某些情况下，一颗稳定的中子星可能不是塌缩的最终产物，塌缩的结果可能是一个黑洞。由于各种原因，这件事是可能发生的。

1. 尽管有中微子的帮助，但冲击波可能会歇息。在这种情况下，可能会有物质大量地下落到新形成的中子星上。如果这些吸积物质被中子化，并且把中子星的质量增加到中子星的极限质量（约为两倍太阳质量），那么就会产生进一步的内爆，从而形成一个黑洞。

2. 如果中子星物质不够坚硬，那么就完全没有反弹了。假如像 π 介子和 K 介子这样的粒子在中子星的核心自发地产生，那么这件事情就会发生。不同于质子和中子，这些介子服从玻色—爱因斯坦统计。由于它们不需要遵守泡利不相容原理，所以它们全部都会凝结成零动量状态。因此，它们对压强的贡献将是零。这将致使中子星的物质变得相当软。在这种情况下，中子星是不稳定的并会继续塌缩。坍塌核球将直接形成一个黑洞。

　　对于大质量恒星的塌缩如何形成黑洞的细节，我们目前还不太清楚。但有越来越多的证据表明存在恒星质量级的黑洞。这使我们得出这样的结论：至少在某些情况下，大质量恒星的演化的最终产物将是黑洞。

　　到此，让我们结束对恒星生命历程的回顾吧。

结　语

　　我们从历史的角度出发，审视了恒星的终结状态。以天狼星的伴星的发现开始这个故事，我们惊奇地意识到它的平均密度大约是我们太阳的平均密度的一百万倍。爱丁顿担心，当它们的亚原子能量供应耗尽时，这样的恒星将会处于一个尴尬的困境。他认为这样的恒星将无法通过膨胀来拯救自己。1926 年福勒通过利用新发现的费米—狄拉克统计解决了这个悖论。这是非常卓越的工作，是对新的量子统计的第一次应用。这确实是非同寻常的，像恒星那样大的天体的稳定性可借助于电子来理解，而电子必须服从泡利不相容原理！福勒的这个有先见之明的建议被年轻的钱德拉塞卡所追捧。钱德拉塞卡构建了完整的白矮星理论。他得出的结论是，所有恒星，不管它们的质量有多大，它们死后最终会变成白矮星。

　　不幸的是，这种安全感并没有持续多久。钱德拉塞卡自己发现了上述结论的缺陷。1930 年在他去英国的漫长航海旅途中，他有了惊人的发现，质量高于 $1.4M_\odot$ 的稳定的白矮星结构是不可能存在的。1934 年，他确定了白矮星的质量极限是 $1.4M_\odot$。质量比这还大的白矮星，其电子简并压力是抵挡不住引力的。

　　这引发了以下基本问题。质量比钱德拉塞卡质量上限还大的白矮星的命运是什么？1932 年钱德拉塞卡已经找到了这个问题的答案。他表明，如果恒星的质量超过了某一临界质量，恒星物质将永远不会变成简并的，但是密度可能变得更大。显然，由于引力塌缩，这样的恒星不能指望通过利用费米—狄拉克统计来获得拯救。基于这一结论，钱德拉塞卡大胆预测，质量足够大的恒星会坍缩成奇点。

质量大于 $1.4M_\odot$ 但低于上述临界质量的恒星的命运仍不清楚。 *246* 这个问题的答案随着 1932 年中子的发现而被找到了。1937 年朗道认为当恒星中的电子与质子结合形成中子时，恒星的塌缩终将停止。当恒星物质的密度达到原子核密度 10^{14} g/cm^3 时，中子的简并压将阻止引力坍缩。

中子星的概念激发奥本海默和沃尔科夫去研究中子星是否有最大质量，正如白矮星有最大质量一样。1938 年，他们得出结论，如果它们的质量大约超过 $0.7M_\odot$，就不可能是稳定的中子星。但是中子星的这个质量极限并不能算是一个精确结果，这是因为人们当时对核力的认知不足。不过，重要结论是中子星将有最大质量。

这一发现导致奥本海默和他的学生斯奈德在爱因斯坦广义相对论的前提下，研究了大质量恒星的塌缩。在 1939 年发表的一篇重要论文中，他们认为质量足够大的恒星将会塌缩形成黑洞。虽然他们并没有强调它，但是在广义相对论中，塌缩形成黑洞的恒星，除了继续塌缩，别无选择，最终它会变成一个时空奇点。

关于恒星最终命运的理论预言是在 1939 年被提出的。有关恒星坍缩形成中子星，还有另一个预言。这个极有先见之明的预言是巴德和兹威基在 1934 年提出的。他们提出了一个具有革命性的想法：当恒星塌缩，它的中心形成中子星的时候，所释放出的引力束缚能将产生惊人的恒星爆炸。他们推测这可能就是超新星的起源。

把这些显性和隐性的预测聚集在一起来看，是富有启发性的。基于一般性的考虑，1939 年就有人做了这样的总结：

1. 白矮星的最大质量是 $1.4 M_\odot$。

2. 质量比这更大的将继续塌缩，最终找到平衡，形成中子星。

3. 中子星的诞生将伴随着中微子暴和超新星爆炸。

4. 中子星的质量非常接近钱德拉塞卡的白矮星极限质量，即 $1.4 M_\odot$。

5. 超过某一临界质量的恒星，辐射压将阻碍其成为简并的。结果是，这样的恒星将变成黑洞，塌缩成一个奇点是不可避免的。

图 E.1 的检验会让大家确信，关于恒星终结状态的现代结论与上述结论是非常相似的！大家注意到最终成为一颗白矮星的恒星的初始质量的上限值将大于钱德拉塞卡的白矮星极限质量。这是因为在结束它们的一生之前，恒星将丢失大量的质量。但在1930 年的时候还不知道会发生这件事。

至于质量大于某个临界质量的恒星将成为一个黑洞，这个临界质量仍然是不确定的！

现代观测也证实了 20 世纪 30 年代做出的其他 3 个预言。

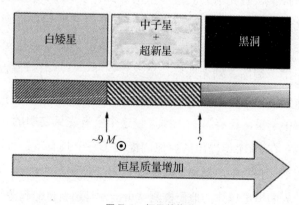

图 E.1　恒星的坟墓

注：该图总结了我们目前对恒星最终命运的认识。

1. 在蟹状星云中心存在一颗中子星。蟹状星云是 1054 年超新 *248*
星爆发的遗迹，天空中还有许多其他的超新星遗迹。它们牢固地
建立起了中子星和超新星之间的联系。

2. 1987 年 2 月 23 日探测到的大麦哲伦星云的中微子暴，最
终决定性地证明了巴德和兹威基，以及朗道的猜想。巴德和兹威
基认为中子星的诞生会引发超新星的爆发，朗道认为在非常高密
度时物质会中子化。

3. 事实上，观测所得的中子星的质量总是非常接近于
$1.4M_\odot$。这也是对存在钱德拉塞卡极限的确认，而爱丁顿曾经拒
绝承认这一结果！到此我们将要结束这本专著了。

预　览

这一系列著作的下一本的名字是《中子星和黑洞》，它将致力
于介绍中子星和黑洞的物理学和天体物理学知识。下面是即将讨
论的主题的部分内容。

脉冲星：中子星在两个方面展示了它们自己。孤立的中子星
快速旋转，并拥有令人难以置信的几十亿高斯量级的强磁场。人
们探测到它们有脉动并命名为脉冲星。这类中子星主要是通过它
们辐射的射电波被探测到的。有趣的是，这种射电发射是相干的，
类似于由激光发射的光是相干的。

双星中的中子星：虽然相对于射电脉冲星，它们的数量较
少，但是双星系统中的这类中子星是各种物理过程的绝妙的实验
室。中子星从气态伴星吸积物质表明它们自己是极为明亮的 X 射
线源。双中子星系统有着极其小的轨道半径，它们是验证爱因斯
坦广义相对论的各种预言的绝好的实验室，其精度是前所未

有的。

　　再生脉冲星：脉冲星老化并死亡。偶尔，它们会从它们的坟墓中复活。在它们的"转世"中，它们的旋转速度极快。它们是毫秒脉冲星。

　　中子星物理学：与中子星的内部相关的、一门迷人的和奇异的物理学。举个例子，虽然中子星的内部温度可以达到数百万度量级，但是有令人信服的理由让人相信，中子星内部的中子会处于超流体状态，质子处于超导状态。对地球上的物质而言，只有在几度这个量级的极低温度的情形中才会出现这些现象！

黑　洞

　　现在有令人信服的证据表明存在黑洞。在目前这本书中，我们讨论了黑洞，它们是恒星演化的最终产物。随后我们将讨论其存在的证据。当代天文学的范例之一就是，几乎每一个星系的中心都有一个巨大的黑洞。这些超大质量的黑洞，其质量范围为一百万倍太阳质量到十亿倍太阳质量，是类星体的中央能量引擎。我们将讨论这些黑洞的形成，以及在其附近发生的物理现象。

　　尽管广义相对论在其发表后不久就引起了物理学家们的注意，但是它的主要内容是关于宇宙学的。只有极少数天文学家相信该理论与天体有关。记住，也没有多少天文学家或物理学家严肃地关注钱德拉塞卡和奥本海默的伟大发现。但是，随着中子星和类星体的发现，事情发生了改变。这有一个复兴过程。20世纪的下半叶是广义相对论应用的黄金时期。在此期间，关于黑洞性质的许多重要定理得到了证明。当霍金发现粒子可以从黑洞中出来时，这些进展达到了高潮。黑洞可以蒸发！在这个发现里，人们瞥见了爱因斯坦的引力理论和量子力学理论的融合。有关这些令人兴奋的进展的定性描述将是下一本的重要组成部分。

推荐阅读

250

1. G. Venkataraman, *Chandrasekhar and His Limit*, Universities Press (India), 1992.

2. K. C. Wali, *Chandra*, Penguin Books India, New Delhi, 1990. 最初由芝加哥大学出版社出版。这是关于钱德拉塞卡的一本伟大的传记。

3. S. Chandrasekhar, *Truth and Beauty*, University of Chicago Press, Chicago, 1987.

这本书收集了钱德拉塞卡的一些著名的公开演讲，包括题目为"莎士比亚、牛顿和贝多芬，创造力模式"("Shakespeare, Newton and Beethoven or Patterns of Creativity")的经典演讲。我强烈推荐这本书。

4. G. Venkataraman, *At the Speed of Light*, Universities Press (India), 1993.

5. *Frontiers in Astronomy-Readings from Scientific American*. W H Freeman, San Francisco, 1970.

这是《科学美国人》(*Scientific American*)中精彩文章的集结。

6. L. Murdin, and P Murdin, *Supernovae*, Cambridge University Press, Cambridge, 1985.

7. G. Venkataraman, *Bose and His Statistics*, Universities Press (India), 1992.

8. G. Venkataraman, *Quantum Revolution 1: The Breakthrough*, Universities Press (India), 1993.

9. G. Venkataraman, *Quantum Revolution 2 : QED—The Jewel of Physics*, Universities Press (India), 1993.　251

10. G. Venkataraman, *Quantum Revolution 3 : What is Reality?*, Universities Press(India), 1993.

索 引①

A

阿诺德·索末菲 Arnold Sommerfeld，75

阿斯顿 F. W. Aston，14

安全阀 Safety valve，183

B

白矮星并合 Coalescence of white dwarfs，241

白矮星的冷却 Cooling of white dwarfs，213

白矮星的质量 Masses of white dwarfs，210

β衰变 Beta decay，128

波包 Wave packet，43

波函数 Wave function，43

波粒二象性 Particle-wave duality，42

玻色—爱因斯坦凝聚 Bose-Einstein condensation，57

玻色—爱因斯坦统计 Bose-Einstein statistics，57

玻色子 Bosons，56

C

测不准原理 Uncertainty principle，44，52

---

① 根据原书第252~254页索引改编而成，并改用中文音序重排。条目中页码系原书页码、本书页边码。——编辑注